建筑工程施工与暖通设计研究

张成利　著

中国金融出版社

责任编辑：曹亚豪
责任校对：孙　蕊
责任印制：陈晓川

图书在版编目（CIP）数据

建筑工程施工与暖通设计研究／张成利著. —北京：中国金融出版社，2023.12
ISBN 978-7-5220-2277-2

Ⅰ.①建…　Ⅱ.①张…　Ⅲ.①建筑工程—工程施工—研究②建筑—采暖—建筑设计—研究③建筑—通风—建筑—设计—研究　Ⅳ.①TU7②TU83

中国国家版本馆 CIP 数据核字（2023）第 256153 号

建筑工程施工与暖通设计研究
JIANZHU GONGCHENG SHIGONG YU NUANTONG SHEJI YANJIU
出版
发行　中国金融出版社
社址　北京市丰台区益泽路 2 号
市场开发部　（010）66024766，63805472，63439533（传真）
网上书店　www. cfph. cn
　　　　　　（010）66024766，63372837（传真）
读者服务部　（010）66070833，62568380
邮编　100071
经销　新华书店
印刷　北京七彩京通数码快印有限公司
尺寸　210 毫米×285 毫米
印张　10.25
字数　284 千
版次　2023 年 12 月第 1 版
印次　2023 年 12 月第 1 次印刷
定价　89.00 元
ISBN 978-7-5220-2277-2
如出现印装错误本社负责调换　联系电话(010)63263947

前　言

伴随城市化进程的不断加速，我国建筑行业迎来了广泛的发展机遇和挑战，为了保证建筑工程施工的顺利推进，并提升建筑工程施工单位的市场竞争力，需要在施工中利用新技术和新工艺。此外，现代化建筑工程对建筑工程项目本身的要求和标准也在不断提升，因而进行建筑工程施工技术与工艺的创新势在必行。城市化进程加速推动着建筑工程事业的发展，现代城市文明的发展要求不断提升，因而相应的建筑工程也要在施工工艺和施工技术方面继续创新发展，积极迎合新时期对建筑工程事业的发展要求。要知道，新工艺和新技术的运用不仅能够大幅提升工程建设的效率和质量，最终目的在于节能环保，促进建筑行业的发展，同时又能满足现代化建设的环保发展标准。在城市经济建设、文化建设飞速发展的背景下，建筑工程施工也要做好文明施工、高质量建设和环保发展的构想，并以此在激烈的市场竞争中为企业赢得更多的发展机遇。

暖通空调系统作为建筑工程的重要组成部分，其设计水平、施工质量将直接影响建筑功能、质量与舒适度等指标。然而，当前在建筑暖通工程中，常在原材料质量、施工过程管理、隐蔽工程验收等环节遇到一系列问题，在一定程度上干扰施工进度、影响施工质量，研究如何有效设计、优化与采取施工管理措施解决上述问题，对于建筑暖通设计与施工质量水平的综合提升具有现实借鉴意义。

本书首先对建筑施工现状、建筑施工的新技术、建筑施工技术的特点、建筑施工中绿色节能以及建筑施工技术的发展做了简要介绍；其次阐述了建筑工程施工的内容，其中包括土方工程、桩基础工程、钢筋混凝土结构工程、防水工程以及装饰工程；再次分析了建筑工程施工组织，让读者对建筑工程施工组织有一个全新认识；复次对建筑工程施工管理、暖通设计及其内容进行了论述；最后从多个维度阐述了暖通设计的应用研究，充分反映了 21 世纪我国在建筑工程施工与暖通设计研究方面的前沿问题，力求让读者充分认识建筑工程施工与暖通设计的重要性和必要性。本书兼具理论价值与实际应用价值，可供建筑相关工作者参考和借鉴。

为了提升本书的学术性与严谨性，在撰写过程中，笔者参阅了大量的文献资料，引用了诸多专家学者的研究成果，因篇幅有限，未能一一列举，在此一并表示最诚挚的感谢。由于时间仓促，加之笔者水平有限，在撰写过程中难免出现不足，希望各位读者不吝赐教，提出宝贵的意见，以便笔者在今后的学习中加以改进。

目 录

第一章　建筑工程施工概述

第一节　建筑施工现状

随着我国社会经济的不断进步，城市化的发展进程明显加快，先进的建筑施工方法与技术也前所未有地得到实施和应用，建筑施工迎来了较好的发展机遇，如何抓住机遇，在如今倡导建筑节能的大环境下，对建筑施工方法和技术进行革新，并将其运用到各类建筑项目中，现已成为检验建筑项目优良与否的关键所在。

建筑行业为人们提供住宿，带动国民经济发展，既是市场不可或缺的重要组成部分，也是现代社会进步和发展的标杆行业。随着社会的发展和人们生活水平的提高，居民对物质文化的需求不断提升，建筑施工要根据专业的设计和管理来多元化、科学化地推陈出新。但目前在建筑业中存在一些问题，如行业发展主要是外延性增长、过多依赖外部投入、大量农民工的加入使技术人员的比例减少、资本含量投入低，我国国民经济处于恢复发展期，无法满足建筑业和社会对其的巨大需求等。

一、我国建筑施工技术发展现状

近年来，我国建筑施工技术得到了飞速发展，在一定程度上推动了我国经济健康发展。建筑施工技术包括基础工程施工技术、钢筋工程技术、建筑混凝土工程施工技术和建筑防水技术。

基础工程施工技术发展现状：在桩基技术的发展上，已经有了多桩型系列，成桩技术也得到了一定完善。在一般的建筑施工过程中，存在挤土效应与噪声污染的情况，为了减少这类污染，混凝土预制桩的使用越来越少，混凝土灌注桩得到了一定的发展，这种技术既能够应用在不同的地质条件中，也能够满足不同地基承载力的实际需求。但是，在深基坑支护技术发展方面，我国的技术还较为薄弱，在施工、计算与监测方面相较于发达国家还存在较大的差距。

钢筋工程技术发展现状：我国钢筋工程技术在近几年也有了较大的发展，其中具有代表性的是电渣压力焊与气压焊，这两种技术有着施工工艺简单、施工速度快、成本低廉、操作方便的特征，在我国的建筑工程中已经得到了大范围推广与应用。与此同时，钢筋预应力技术也得到了一定程度的发展，劲性钢骨架结构与钢结构越来越成熟，也能够承担一些超高层与大跨度的空间结构，已经基本达到国际水平。

建筑混凝土工程施工技术发展现状：在模板工程方面，出现了一些新的支模方法，通过长期的工程实践，各种以水平模板、全钢大模板与竖向模板等为主的支模工艺越来越先进。其中，全钢大模板的表面平整光洁、成型质量高、刚度较大，能够承受较大的压力，应用范围更加广泛。目前，我国主要使用竹胶合板模板与木胶合板模板体系，水平模板体系应用较少。现阶段，市场主流体系主要是木胶合板模板和组合钢模板，使用量都较大。此外，随着社会的发展，混凝土工程的发展速度十分惊人，从传统的以强度为中心转化为新型的以耐久为中心，在高强高性能混凝土、预拌混凝土与混凝土原材料等方面都有了一定的进步。

建筑防水技术发展现状：建筑防水材料已经发生了翻天覆地的变革，防水施工也逐渐朝冷作业方向发展，各类高分子化学材料的应用范围也越来越广泛，从现阶段来看，防水技术包括屋面防水与地下外墙防水两种。技术人员在传统防水技术的基础上，根据防水材料的发展特征，开发出了一些新的设备与技术。

二、我国建筑施工技术的发展方向

施工管理专业化的发展。随着新型施工技术在我国建筑工程中大量引进，施工管理专业化成为必然的趋势。一般来说，施工管理是一项技术性工作，在这种管理工作中，基于岗位的性质，施工管理要求技术人员应有相对的稳定性。施工管理人员的素质直接决定了施工管理工作的质量，且建筑工程项目管理人员的技术水平应比一般的社会组织要高、要专业。因此，在未来的发展中，积极适应形势发展的要求，创新人才引进机制，减轻专业人才的责任制压力，采取相应的扶持政策，公开招聘具有高学历、高素质、有经验的专业施工管理技术人才，不断地充实建筑工程管理队伍的技术力量，我国的施工管理必将朝着专业化的方向发展。

绿色节能施工技术的普及。随着施工技术的大力发展，在施工中必将提出"绿色施工、环保节能"的新型施工理念。这种绿色节能施工技术的引进，可以从根本上推动建筑企业可持续发展。在施工中，以绿色节能施工理念和技术作为施工指导，将节约水电资源、土地资源、建筑材料等方面的内容融入施工中，同时还引进了很多资源再利用观念。另外，绿色节能施工技术在一定程度上保护了城市的环境。在施工中，避免了施工扬尘、噪声以及生态环境破坏，最大限度地对开挖路面、植物移植、固体废弃物等问题进行了解决，保障了城市和谐发展。因此，在我国，绿色节能施工技术将会被广泛地运用到施工中。

建筑施工的法规标准和制度将更加完善。在建筑行业中，要推动新技术的发展，建筑施工的法规标准和制度必将得到完善。在施工中，只有不断地完善和优化施工以及新技术运用的法规标准和制度，明确监督主体进行严格执法，才能更有效地推动建筑施工技术大力发展。现阶段，新技术虽然在我国施工中得到了一定运用，改善了工程质量，有效地缩短了工程周期，但国家关于规范建筑施工技术的规章制度建设还不是很完善。在施工技术的发展中，有关部门必定要建立完善的施工法规标准和制度，进一步量化新技术施工的评价指标，完善评价制度。另外，还要建立健全责任制度，加强责任落实。

建筑工程的监理体制将得到有效运行。在施工技术的发展中，必须得到有效监理，才能保证施工质量的提高。我国虽然实行了监理体制，但我国的监理体制却是政府监督、社会监理和承包商自我监督三方面结合的全面的监理体制。这种监理体制不能独立于业主和承包商之外，准确维护双方的真正利益。另外，监管机构对于建筑工程的施工检查并没有实行全方位的动态监测。这种检查模式次数有限、深度不够。因此，在施工过程中，加大力度建立有效的工程监理单位，建立具有独立性、社会化、专业化特点的专门从事工程建设监理和其他技术服务的组织，从宏观和微观上，加强对工程施工质量的管理是施工技术发展的一大趋势。随着改革开放40余年的发展，我国的施工企业和建筑业也在进步，建成了大批规模化、轻型、精密设备现代化的建筑物。不仅对施工质量和速度的要求越来越高，在此基础上经济效益稳步增长，建筑技术也上升到了新的水平。经济的发展、科技的进步、城市规模的扩大都支持和要求建筑施工行业更稳、更快发展，开拓技术新领域，认清目前建筑施工技术的发展现状和存在的问题，精准把握其发展方向，利用先进的建筑施工技术减少施工中的失误、保障工程质量和规模的科学化，努力为推动我国建筑技术早日达到国际先进水平作出新贡献。

第二节　建筑施工的新技术

随着科学技术的快速发展，更多的建筑施工新技术被运用到现代建筑施工中，推进了建筑施工水平的提升，而建筑施工企业必须依靠新技术提升自身竞争力，在日益激烈的竞争中占有一席之地，使企业本身得到最优发展。

近年来，随着建筑业产业规模、产业素质的发展和提高，我国建筑业取得了不错的成绩，但目前我国建筑技术水平还比较低，建筑业作为传统的劳动密集型产业，没有得到根本性改变。在建筑工程领域加快科技成果转化，不断提高工程的科技含量，全面推动施工企业技术进步，促进建筑技术整体水平提高的唯一途径是紧紧依靠科技进步，将科学的管理和大量先进、质量可靠的新技术广泛地应用到工程中，应用到建筑业的各个领域。

一、当前我国建筑施工新技术

随着科学技术的不断发展，建筑施工技术也得到了不断提升，由原来单一的技术发展成多元化的施工技术，已经达到一个比较成熟的水平。尤其是近年来随着科学技术日新月异的发展，新的施工技术、新工艺、新设备不断涌现，使原来存在的很多难题迎刃而解，破除了很多技术发展方面的瓶颈。新的施工技术不断引导和推广，大大改变了过去施工效率低下的状况，使施工效率达到新的高度。

（1）新的施工技术使施工成本大大降低，增加了单位时间内能够完成的工作量。

（2）使工程施工的安全度大大提升，将施工风险降到更低的程度。目前，住房和城乡建设部推广的一些新技术，如深基坑支护技术、高强高性能混凝土技术、高效钢筋和预应力混凝土技术、建筑节能和新型墙体运用技术、新型建筑防水和塑料管运用等已经广泛应用于建筑工程施工中。

二、在建筑施工中施工新技术的地位

施工新技术有其鲜明的特点，施工新技术是指在面对客观世界的复杂性时，需要考虑多种因素，需要综合应用多门学科的知识，采取可靠和经济的方法，寻求最佳的解决方案。由于自然资源是有限的，除了要有效节约利用现有资源，还必须不断开发新的自然资源或利用新资源的技术，要充分重视与自然界和环境的协调友好，功在当代，利在千秋，实现可持续发展。现代工程与人类社会关系密切，与人类生存休戚相关，施工新技术问题的解决还应利用有关社会科学知识。科学的成就往往不能一出现就得到应用，必须通过施工新技术转化为直接的社会生产力，才能创造出满足社会需要的物质财富，在建筑工程中使用施工新技术就是将技术科学运用到实际情况中，是创造社会财富的过程，也是施工企业提高经济效益的重要手段。

三、当前施工新技术在建筑工程中的应用举例

（一）当前建筑施工中防水新技术的应用

防水技术的根本实质就是防水渗漏和有害性裂缝防控技术，在实际操作中，必须坚持"质量第一、兼顾经济"的设计原则，选择最佳的防水材料，采用最合适的防水施工工艺。

一是从屋面防水工程来看，可以采用聚合物水泥基复合涂膜技术，采用此新技术必须做好基层处、板缝处和节点处的处理。二是在塔楼及裙楼屋面进行施工的时候，应该采用分遍涂布的方式，待第一次涂抹的涂料完全干燥成膜之后，再进行第二遍涂料的涂布施工。涂料的铺设方向应该是互相垂直的，在

最上面涂层进行施工时，应该严格控制涂层的厚度，其厚度必须大于 1 mm，在涂膜防水层的收头处，必须多涂抹几遍，以防止发生流淌、堆积等问题。三是在进行外墙防水施工时，为了严防抹灰层出现开裂和空鼓的问题，可以充分发挥加气混凝土砖墙的优势，在抹灰之前，可以用钢丝网将两种材料隔离开。在固定好钢丝网之后，再处理好基面，将 108 胶水（20%）与水泥（15%）掺和起来，调配成浆体进行涂刷，待处理好基面后，再做好抹灰层的施工。在进行砌筑时，不能直接将干砖或含水过多的砖投入使用，不得采用随浇随砌的方式。

（二）当前建筑施工中大体积混凝土技术的应用

大体积混凝土技术是一种新型的建筑施工技术，在当前的建筑工程中得到了十分广泛的应用，在进行大体积混凝土施工时，其中的水泥用量比较多，因此，其水化热作用十分强烈，混凝土内部温度会急剧升高。当温度应力超过极限时，就会导致混凝土产生裂缝，因此，必须对混凝土浇筑的块体大小进行严格控制，切实有效地控制水化热导致的温升问题，尽可能缩小混凝土块体里面与外面的温差。在具体施工中，应该根据实际情况以及温度应力进行计算，再考虑采用整浇或分段浇筑，然后做好混凝土运输、浇筑、振捣机械及劳动力相关方面的计算。

（三）当前建筑施工中钢筋连接施工技术的应用

钢筋连接施工中有需要规范的问题，如机连接、焊接接头面积百分率应按受拉区不宜超过 50% 的标准执行，如遇钢筋数量为单数时，百分率略超过些也是符合要求的。绑扎接头面积百分率控制：受拉钢筋梁、板、墙类不宜大，当工程中确有必要增大接头面积百分率时，梁中受拉钢筋不应大于 50%，其他构件可根据实际情况放宽。因此，梁中受拉钢筋接头面积百分率是一个底线，不应越过，其他构件则可以放宽，但必须满足搭接长度的要求，如柱子钢筋，也可设置一个搭接头，这样方便施工。

四、现代建筑施工新技术的发展趋势

以最小的代价谋求经济效益与生态环境效益最大化，是现代建筑技术活动的基本原则，在这一原则的规范下，现代建筑技术的发展呈现出一系列重要趋势，剖析和揭示这些发展趋势有助于认识和推动建筑技术的进步。

（一）建筑施工技术向高技术化发展

新技术革命成果向建筑领域全方位、多层次渗透，是技术发展的现代特征，是建筑施工技术高技术化发展的基本形式。这种渗透推动着建筑技术体系内涵与外延的迅速拓展，出现了结构精密化、功能多元化、布局集约化、驱动电力化、操作机械化、控制智能化、运转长寿化的高新技术化发展趋势。建材技术向高技术指标、构件化、多功能建筑材料方向发展。在这种发展趋势下，工业建筑施工技术也随之向着高科技方向发展，利用更加先进的施工技术，使整个施工过程合理化、高效化是工业建筑施工的核心理念。

（二）建筑施工技术向生态化发展

生态化促使建材技术向着开发高质量、低消耗、长寿命、高性能、生产与废弃后的降解过程对环境影响最小的建筑材料方向发展，要求建筑设计目标、设计过程以及建筑工程的未来运行必须考虑对生态环境的消极影响，尽量选用低污染、耗能少的建筑材料与技术设备，提高建筑物的使用寿命，力求使建筑物与周围生态环境和谐一致。在这样的趋势下，建筑的灵活性将成为工业建筑施工技术首先考虑的问题，在使用高科技材料的同时也要有助于周围生态的和谐发展。另外，在建筑使用价值结束后，建筑本身对周围环境的影响也要在建筑施工的考虑之中。

（三）建筑施工技术向工业化发展

工业化是现代建筑业的发展方向，它力图把互换性和流水线引入建筑活动，以标准化、工厂化的成套技术改造建筑业的传统生产方式。从建筑构件到外部脚手架等都可以由工业生产完成，标准化的实施带来建筑的高效率，为今后工业建筑施工技术的统一化提供了可能。

总之，现代施工新技术不断应用，对工程质量、安全都起到了积极作用，因此，施工企业要充分认识到建筑施工技术创新的重要性和必要性，重视施工新技术的应用，让企业更好更快地发展。

第三节　建筑施工技术的特点

建筑业是一个古老的行业，及至现代，建筑业更成为社会进步的标志性产业。我国是人口大国，建筑业在我国发展迅速，施工技术日新月异。新技术的研发和应用是建筑企业和相关单位共同关注的问题，许多先进的技术已被我国所采纳，并在实际应用中得到了实惠。新技术的应用不但提高了工程的质量，而且节约了建筑施工所消耗的资源，从而降低了工程成本。本节从我国建筑业的基本情况出发，分析施工过程中的相关问题，通过引进新技术来提高我国施工技术水平，从而加速我国建筑业的发展，提高施工效率和经济效益。

一、现阶段建筑技术水平概述

近年来，随着城市化进程的不断加快，我国建筑业发展迅速。许多新型建筑技术被应用于施工中，并在使用过程中得到了发展和创新，同时也总结出许多宝贵经验。然而，新型建筑技术的推广在我国仍不广泛，简单分析有以下几点原因：①大多数建筑企业规模较小，缺乏必要的资金引进先进的技术和设备；②一部分单位的技术人员业务能力相对较低，对新技术不能很好地理解和掌握，使新技术在施工中得不到充分运用；③一些单位对新技术不够重视，国家缺乏相关管理部门进行管理和推广。针对我国建筑业的实际发展情况，国家一定要充分重视新型建筑技术的推广，让建筑行业充分认识到新技术的优越性：节约资源、节省工时和提高质量。因此，引进新技术是建筑行业发展的必然需求，是提高建筑企业竞争力的必然需要。

桩基技术：①沉管灌注桩。在振动、锤击沉管灌注桩的基础上，研制出新的桩型，如新工艺的沉管桩、沉管扩底桩（静压沉管夯扩灌注桩和锤击振动沉管扩底灌注桩）、直径 500 mm 以上的大直径沉管桩等。先张法预应力混凝土管桩逐步扩大应用范围，在防止由于起吊不当、偏打、打桩应力过高、挤土、超静水压力等原因而产生的施工裂缝方面，研究出了有效措施。②挖孔桩。近年来已可开挖直径 3.4 m、扩大头直径达 6 m 的超大直径挖孔桩。在一些复杂地质条件下，也可施工深 60 m 的超深人工挖孔桩。③大直径钢管桩。在建筑物密集地区的高层建筑中应用广泛，可有效防止挤土桩沉桩时对周围环境产生影响。④桩检测技术。桩的检测包括成孔后检测和成桩后检测。后者主要是动力检测，我国检测的软硬件系统正在赶上或达到国际先进水平。已编制了"桩基低应变动力检测规程"和"高应变动力试桩规程"等，对桩的检测和验收起了指导作用。

混凝土技术：在建筑施工过程中，混凝土技术占了较大的比例，对建筑工程施工也有重要的影响。我国建筑施工中混凝土技术现状：①混凝土作为建筑工程主要材料之一，施工技术以及质量都是建筑企业非常重视的问题，也是具有研究意义的课题。传统的混凝土技术主要以强度大为目标，但是随着科学技术的进步，施工技术不断革新，混凝土材料不仅要求强度大，更要求持久耐用。高强高性能混凝土、混凝土原材料、预拌混凝土，这些材料的制作技术都必须进步，比如混凝土添加剂的性能，由原来的单纯减水剂发展到早强、微膨胀、抗渗、缓凝、防冻等，这样就有效地提高了混凝土质量。预拌混凝土的出现，减少了材料消耗、降低了施工成本，改善了劳动条件，提高了工程质量。②模板工程。模板在混凝土施工中起到重要作用，我国建筑施工行业的技师，以多年的建筑施工经验，研究出一些科学、先进的混凝土支模技术，如平模板、全钢模板、竖向模板，而且每种模板都有自身独特的优势，例如，全钢模板独特的优势是成型质量好、刚度高、承载能力较强等。③加强技术管理，严格检验入场的原材料。原材料是混凝土的重要组成部分，因此，要加强对原材料的把关，检验人员要严格按照相关标准和相关资料进行验收，杜绝不达标的材料入场。同时，加强人员的技术管理，在混凝土施工中的每一个环节，都要技术交底，而且要在施工前完成。在施工完成后，要做技术总结工作，对在施工过程中出现的各种问题，以及产生的各种现象，进行深入分析和研究，提出解决方案和措施。

二、新技术在节约施工成本方面的作用

要想节约施工成本，就一定要熟悉施工过程中的所有环节。其内容包括：采用的技术及设备、设计方案和材料选取等。工程施工是一项复杂的工作，需要各个环节相互配合才能顺利完成。建筑物的顺利竣工，需要考虑以上所有因素。下面简单介绍一些工程施工中主要的施工方法。

合理调配施工中的人力资源：施工开始时，先是提供施工地点，然后组织人员合理开工。由此可以发现，施工地点是固定不变的，而施工人数和材料设备是灵活多变的。因此，合理调配施工人员和材料设备是管理人员提高施工效率的重点。在一个特定区域进行施工时，要结合建筑物设计的特点，合理施工，合理调配资源，以投入最少的资源来达到最理想的目标，由此避免施工过程中造成的资源浪费、人员闲置、秩序混乱等问题，从而在保证施工质量的基础上，使整个施工过程合理有序。

在不同地区施工要求有所差异，不同的地域都有代表当地文化特色的建筑物。因此，不同地区的建筑施工也会大相径庭。不同类型的建筑要根据自身特点采用不同的施工方法及建筑材料进行施工。施工技术必须兼顾天时、地利、人和，因时、因地、因人制宜，充分认识主客观条件，选用最合适的方法，经过科学组织来进行施工。

施工过程中的多环节作业施工是个多环节作业过程，其中涉及多个单位的共同合作，消耗的资源巨大，资金更是重中之重。施工过程有以下几点需要注意：①工程施工需要政府支持，国家有关单位要监督和配合，为工程顺利施工提供必要的保障；②施工是一个复杂的过程，需要多个部门联合作业，环节众多，施工的复杂性是重要的难题；③建筑企业要合理制订施工计划，合理调配人员和设备，在不影响工程质量的前提下，保证施工过程资源利用率最大化。施工虽是一个多环节作业过程，但充分做好这几点，就为提高经济效益提供了前提条件。

施工方法的多样性：相同类型的建筑物施工方法也不相同，主要取决于施工技术及设备、设计方案、材料选取、天气情况和地理条件等。由此可以看出施工方法具有多样性的特点，这就要求我们在施工过程中要做好资源整合，合理调配资源，选择符合施工要求的材料，选择合理的时间开始施工等。只有这样，才能保证工程质量，节约成本，提高经济效益。

加强安全管理是提高施工质量、保证施工安全的重点。施工管理可以有效地监督施工成本控制中各个环节的实际情况，根据实际情况进行合理控制，保证企业的资金合理运用。同时，有效的管理可以保证工作人员的安全，防止危险发生。因此，管理人员要定期进行培训，提高安全责任意识，以保证在现场监督过程中可以灵活地解决各种问题，从而保证施工的安全，提高施工质量。建筑企业也要引进先进的技术和设备，为安全施工提供保障，并制定施工安全制度，加大投入，提高安全生产率，建立健全施工安全紧急预案，以应对各类突发事件，保证人身安全，保证施工安全。

三、施工过程中如何使用新技术

我国建筑业发展迅速，提高建筑企业的技术水平，提高施工质量是我们一直深入研究和急需解决的问题。新技术的应用和推广给建筑业带来了希望，并取得了一定的成效。新技术的应用主要体现在以下几个方面。

施工过程信息化管理。信息技术应用贯穿于整个施工过程，是施工过程信息化的体现。施工过程中的信息多种多样，如施工材料、施工方案、建筑企业、施工人员和设备等。信息化的管理使这些信息为合理施工提供了依据，施工管理者通过信息管理平台获得可靠信息，加强对施工环节的管理，以此提高施工技术，让整个施工过程更加明朗化。

新型建筑材料的应用。合理用材是决定建筑企业经济效益的重要因素。因此，建筑材料的选取是建筑施工的重要环节。现今，大量新型材料被投入市场，如广西区内重点推广的10项新材料中的自隔热混凝土砌块、页岩烧结多孔砖、HRB400钢筋等，这些新型建筑材料的性能相对于原有建筑材料均有所提高，而且更经济、更环保。新型建筑材料给建筑业带来了可观的经济效益，建筑企业对新型建筑材料的依赖性越来越高，这也加快了新型建筑材料产业的发展，可谓互利共赢。

机器人技术的发展。随着科技的不断进步，机器人逐步走进各个行业，并在多个行业中占据了不可替代的位置。建筑行业也不例外，机器人应用正在不断推广和实践，尤其在钢材喷涂和焊接技术中应用广泛。机器人具有其独特性：可靠性高、功能全面、可以完成高难度工作等。机器人技术攻克了许多技术难题，提高了施工技术水平，给建筑施工带来了便利。然而此项技术也有不足之处：机器人数量较少，投入成本较高，不是所有的建筑企业都可以使用。但随着科技的发展，这些问题终将会解决。

施工期间周边环境的保护。建筑业的产品是庞大的建筑物，随着城市化进程的加快，高楼大厦拔地而起，钢筋混凝土结构的高楼象征着社会的发展，国家的富强，同时，环保意识在人们的脑海里也不断增强。在国家大力提倡可持续发展的今天，建筑企业在施工过程中应坚持保护施工周边的环境，选用先进施工设备，减少噪声污染，运用先进技术合理处理建筑废料，以此避免对生态环境造成不必要的破坏和影响。

随着国民经济与建筑业的发展，建筑工程施工技术在近百年有了巨大的发展。我国的建筑企业已经采用了新型的施工技术，提高了施工队伍的技术水平，完善了施工质量管理。但是，绝大多数建筑企业对新技术应用的认识还不够，新技术的应用效率还很低，这需要国家的监督和管理，需要相关部门培训和指导，从而让新技术在建筑领域得到应用和推广，为建筑企业乃至整个建筑业创造更多的经济效益，为各地区的经济发展作出贡献。

第四节　建筑施工中绿色节能

合理使用绿色节能建筑施工技术，能够实现绿色管理、节材、节地和节水等效果，还可以充分保护自然环境。本节介绍绿色节能建筑的基本概况，分析现代建筑施工中绿色节能建筑施工技术的优势及其具体应用，以供参考。

资源的浪费导致近年来人与环境的关系日益紧张，我国在走发展道路的同时，也越来越关注节能技术，特别是建筑行业，其能耗是相当大的。随着城市现代化进程的加快，房屋建筑成为重点对象。在此大环境下，怎样提升房屋建筑施工领域的资源利用率成为重要的问题。不过，科技的发展为我们打开了新的大门，政府与相关建设团队也逐渐意识到绿色节能的重要性。

一、绿色节能建筑概述

为了提高建筑整体的环保性能，需要对其构成进行具体分析。由于墙体、屋顶以及门窗都是关键的部位，而且使用率极高，因此需要针对这几个项目，具体地作出分析，使用污染小、对自然资源利用率高或者可回收的绿色环保材料，从而提高建筑整体的环保性能。从现今情况来讲，修建物想要达到绿色环保要求一定要具有以下特征。

（1）舒适性。修建物为人们创造定居、工作、娱乐的场所，而绿色环保修建物一定要能为人们营造安适健康的生活条件，让修建物里面的人可以安适地工作以及从事娱乐行为。

（2）可以推进人与生态融洽相处。当代建筑学原理认为，建设与自然条件、人需组成一种和谐一致的共同体，环保节能建设一定要积极顺应周围环境，这样可以提高我们日常生活的幸福指数，呈现人和生态融洽相处。

二、现代建筑施工中绿色节能建筑施工发展现状

现阶段，国内城市建设的速度越来越快，这也推动了建筑业良好发展。现代建筑投资的规模和建设的速度，均获得了前所未有的成绩，进而有效地推动了城市的发展。然而，施工管理的过程，不能给予施工环境保护更多的重视，这也使我国施工建设造成人口密集、生活空间受限的情况，还会加重对生态环境的污染。建设数量的增加，导致施工过程产生的垃圾也越来越多，施工材料产生较大的浪费，以及施工环境的污染和大气污染，如粉尘、机械设备、车辆的废气所造成的污染。同时，施工中还容易产生严重的水污染情况，主要包括生活及工业废水。此外，施工阶段的噪声污染也非常严重，还存在固体废弃物和有害化学物品等污染。

三、绿色节能施工技术在现代建筑工程中的特点

（一）节约材料

施工材料的费用占到了工程造价的一半以上，因此它是一项重要的开支。如果建筑企业采用了节能技术，可以有效降低施工成本。需要注意的是，不能为了利益而忽视对质量的要求，只有不断提高施工技术，才可以有效控制建筑垃圾的数量。

（二）绿色施工管理

为了提高建筑工程的质量，必须从安全、进度以及成本三个关键要素出发。要想做好这项工作，必须强化管理。在绿色节能理念下，应该有整体意识，实施全局控制。首先，定期对施工状况及有关设备展开考察，确保其稳定，发现问题及时处理；其次，严格按照施工方案，做好每一阶段的建设工作，保证工程能够按时完成；最后，必须将成本核算与管理贯穿于整个流程，从前期的决策到竣工审核，都必须确保企业能够达到效益最优化。如此可以提高建筑目标，建成绿色环保型建筑。

（三）节水、节地和节能

建筑施工阶段，会使用较多的水资源，特别是混凝土配制的过程。因此，在绿色节能施工技术中，节水是不容忽视的一部分。由于我国人口众多，资源总量虽大但是人均贫乏，资源短缺问题十分严峻。因此，我们必须做好项目工程的设计工作和规划工作，只有这样才可以使设计内容变得更加完善，提高土地使用效率。

（四）环境保护

目前，在建筑项目实施的过程中，存在扬尘、噪声和光污染等危害。因此，绿色节能施工技术实施的时候，要求做好以上污染相关的规避工作。制定管理粉尘等污染物的相关规定并严格执行，合理分配工程施工的时间段，完善相关设备的运行模式，淘汰落后的施工设备，尽可能地降低污染程度。

四、现代建筑施工过程中环保节能建造技术的应用

（一）保温屋面层绿色节能施工技术的应用

一般情况下，屋面保温（见图1-1）是将容重低和吸水率低、导热吸水率低，并具有较强强度的保温施工材料，合理设置于防水层、屋面板间，选择适宜的保温施工材料，如板块状的加气混凝土块、水泥聚苯板、水泥、聚苯乙烯板，以及沥青珍珠岩板等。散料加水泥的胶结料，施工现场浇筑的材料主要包括陶粒、浮石和珠岩、炉渣等。施工现场发泡浇筑的主要为硬质的聚氨酯泡沫塑料、粉煤灰和以水泥为主的混凝土。

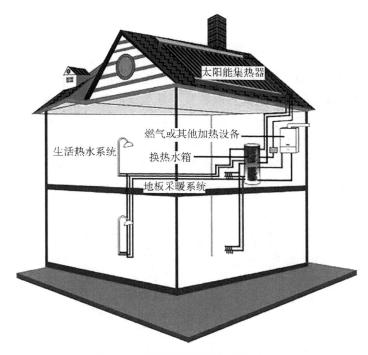

图1-1 保温屋面层绿色节能设计

（二）门窗绿色节能施工技术的应用

内外窗的选择有差别，需要根据实际情况对材料质量进行控制。合理选择适宜的材料，可有效地提高绿色节能施工技术的利用率。在此我们具体介绍门窗安装供给（见图1-2）：首先是对材料的选择，为保障其质量，必须强化监管，在采购过程中必须选择有生产资格的商家，而评判的标准就是从其提供的营业执照、产品检验等出发，以此作为依据，由工作人员对该材料的性能与整体水平进行评定，结合自身的情况选择最佳的商家，进行合作采购。其次，门窗在选择节能技术的过程中，由于不同的部位要求有差异，我们需将这项工作细致化，在选择之前充分了解门窗的特点，比如，外窗面积适宜，不可过大；传热系数的设置也要遵守规定，不同朝向和窗墙的面积比也要精确计算，对于多层建筑

住宅的外窗，可通过平开窗进行设置。目前，最常见的塑钢型就是节能门窗首选。最后就是安装工艺，必须遵循的是确保垂直与水平面的高度保持一致，严格控制洞口尺寸与位置，做好这些准备工作之后再进行具体的安装。

图1-2　门窗绿色节能设计

（三）地源热泵绿色节能施工技术的应用

地源热泵施工技术（见图1-3），通过地表层储存能量对温度进行调节，相对温差较大的位置以及室外气温较高的位置，其低温比较稳定。通过吸收夏季建筑物的热量，确保建筑物维持在稳定、平衡的状态下。然后，合理使用绿色节能施工技术，以此实现降低能耗的目的，这项施工技术的日常维护较为简单，也可以称为高效节能施工技术。在建筑物中，空调系统为达到节能的效果，应合理地使用地源热泵施工技术，进而实现控制能耗的效果，且可实现环保的目的，不会对施工环境、四周环境造成较大的影响，有利于日常维护工作。

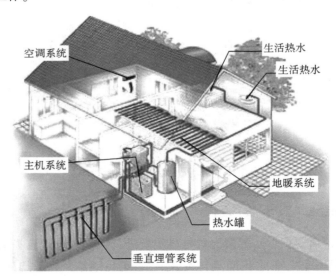

图1-3　地源热泵施工技术

绿色节能施工技术的应用与发展已经逐步成为我国房建工程的必然趋势，无论是从环境角度还是提高项目效益出发，都必须将这项技术真正落实到具体施工过程中。不过，目前我国大力发展节能建筑遇到了部分瓶颈，如施工人员意识不足、专业性不强、管理者监察力度不够等。但是，我们要相信这只是暂时的，只要提高重视程度，并且不遗余力地研究这项技术，在实践中总结更新，就一定能够实现我国房建的绿色节能之路。

第五节　建筑施工技术的发展

伴随着科技的不断发展，越来越多的建筑施工新技术应用在当代建筑施工中，促进了建筑施工水平的提高，而建筑施工单位也依赖新技术提高企业竞争力，在日益激烈的竞争中脱颖而出，让单位自身取得最大限度的提升。

目前，我国的科技水平逐渐提高，直接影响了我国的建筑施工技术，使其水平不断提升。新技术可以减少施工任务的成本，提高工作效率，同时提供更高程度的安全保障，让施工工作的风险成本降低，推动建筑工程的总体发展。

一、现阶段我国建筑施工新技术的现实情况

科学技术的发展使建筑技术也随之提高，由传统的单一的技术向多元化的施工技术发展，现已趋于成熟。尤其是近几年新的施工技术、新工艺以及新设施不断出现，大量难题也都得以解决，科技发展消除了大量建筑行业的绊脚石。新的施工技术的运用并不断普及，在很大程度上改变了传统施工低效率的问题，提高了效率。①新的施工技术在很大程度上节省了施工成本，提高了单位时间可以实现的工作量。②使工程施工过程中的安全性得到很大程度的提高，减少了施工风险。现阶段建设单位推广的一些新技术，如预拌混凝土及混凝土输送、使用技术，钢筋加工技术，以及能源节约技术等均已广泛运用到建筑工程施工中。

二、现代施工新技术在建筑施工中的地位

现代施工新技术具有鲜明的特征，在面对客观世界的繁杂性时，要求注意不同因素的影响，全面结合运用多种学科的知识，选择可信且经济的手段，探索最优的处理方案。同时由于自然资源的有限性，不仅要充分节省使用现有资源，还要不断研究新能源、发现新自然资源或者利用新资源的技术，要对自然界与环境的和谐协调给予充分关注，便于当代人，造福下一代，做到可持续发展。现代工程和人类社会生活紧密联系，和人类生存发展息息相关，施工新技术的应用还要求结合相关社会科学的知识。科学的成果通常无法刚产生就得以全面运用，一定要经过施工新技术转换成直接的社会生产力，才可以为社会需要提供物质财富，因此在建筑项目中运用新技术就是把新技术合理地应用到具体情况之中，是创造社会财富的一个环节，也是施工单位加强经济成效的主要方案。

三、现代施工新技术在建筑工程中的具体运用

（一）新型建筑材料的应用

建筑材料作为工程施工的物质前提，其价值占据建设工程造价的主要部分，目前已实现对传统建材的巨大改进，同时有大量替代材料以供选择。此外，大量的新型材料逐渐被发现，让建筑施工有了较大的选择余地。这些新型材料都有良好的性能、能源损耗低、占用资源少、质量轻以及耐久性好等优点，推动了建筑施工的发展进程。新型材料的广泛运用会对房屋建筑带来很大的促进作用，使建筑设计、结构设计以及建筑施工发生革命性的改变。建筑设计企业与建筑施工单位应该积极进行新材料运用部分的探讨与试验工作，对一些性能、价格相对较好，有相应的经济效益与社会效益的新型材料，应及

时介绍推行新材料运用的经验。

（二）预拌混凝土与混凝土运送、使用技术的革新

混凝土是当代建筑施工的重要原材料，混凝土的品质直接影响建筑施工的质量。预拌混凝土技术选用新型科学技术，把混凝土在施工以前就搅拌好，一方面，缩减了施工步骤，在很大程度上降低了人力、物力等资源的耗费，同时在客观上缩短了施工工期；另一方面，标准化的混凝土可以防止人工配比与拌料时的误差，确保混凝土的质量符合要求。此外，利用改革技术，选择泵送混凝土运送技术，确保混凝土在输送时的质量稳定。在混凝土的现场施工部分，利用选择防止混凝土碱集料反应的手段来进一步确保混凝土施工质量，如尽可能选用低碱水泥、沙石料以及低碱活性料等。利用预应力混凝土技术，选择低松弛高强度钢绞线与新型预应力锚夹具相结合，充分降低混凝土板厚、高度，以此实现减轻建筑物自重、提高建筑物性能的目的。

（三）钢筋加工技术的革新

钢筋混凝土结构是许多建筑物的第一选择，钢筋加工质量对建筑施工质量具有十分重要的意义。在钢筋的焊接部分，电渣压力焊因为不受钢筋化学成分、可焊性与天气的干扰，同时操作的时候没有明火，安全且简单，在钢筋加工的时候不断被推广，尤其适合现浇钢筋混凝土结构中竖向或者斜向（倾斜度在4：1的范围内）钢筋的衔接，尤其是针对高层建筑的柱、墙钢筋，运用十分广泛。在钢筋衔接技术部分，钢筋剥肋滚压直螺纹技术经过滚丝机把要连接的钢筋两端的纵肋与横肋直接滚压成普通螺纹，再用特制的直螺纹套筒衔接。选择直螺纹衔接技术能够有效提高钢筋接头强度，完全体现钢筋抗拉性，同时操作简单、效率高，施工现场就能够快速完成加工工作。

（四）生态技术的运用

生态技术是建筑技术行业中的新观念，是模拟自然界物质生产阶段的新技术手段。在建筑施工过程中运用生态技术，可以展示生态环境的思想理念，重点是落实避免施工污染，解决好建筑废品，实现文明施工，取得建筑施工与环境的配合协调，提供较好和谐的施工氛围。比如，进行预制桩时控制噪声与振动，泥浆护壁灌注桩施工应重视废泥浆的排放和解决，基础施工时要避免水源的污染，在施工时倡导选择新型环保材料，在施工的时候保护植物，防止乱砍滥伐树木，及时处理建筑废物，尽可能维持环境的原有状态，维持生态平衡，做到可持续发展。

所谓高科技生态技术，是指建筑设计通过现代高科技方式、新型材料以及构造与施工技术对建筑物的物理性质、采光设计、温湿度控制、通风控制、空气阻力研究以及建筑新材料特征等展开最佳配置，实现建筑物和大地共生、和自然相配合，而针对物质、资源耗费趋于循环和再利用。此类生态技术通常选择其他领域的技术成效，如航空与汽车工业技术方法、计算机软件以及材料等，让建筑物具备时代前瞻性的特点。

伴随着城市化发展的加快，以及城市建筑形式的巨量化，此类联系高新技术、材料以及设施等的生态手段具有更加重要的价值。除去采用了被动式的生态技术，现代建筑比以前任何一个时段的建筑都更加宏伟巨大，其所占的面积也不是之前任何一个时期可以做到的，这就更要求其主动选择高新技术方式来获得良好的活动氛围。一个巨型环境的支持系统、维护结构、室内采光、温湿度以及通风条件等要求人们针对技术的控制来处理。

作为一个传统行业，国内的建筑业仅仅在高新技术部分和西方国家进行竞争有较大的难度。然而，我国目前尚处于城市化加速的起点，许多人住所的建设与资源的需求给高新科技的发展创造了较大的载体和最好的机遇。建筑行业运用未来新技术的原则应是：创建效率更高，智能化程度更高，给环境

造成的影响更小，消耗自然资源更少。将来的建筑新技术依旧是实用技术和尖端技术相辅相成。因此，我们应该审时度势，充分重视独立自主，倡导并依靠自主创新，并在此基础上重视引入外国先进技术，让高新技术在建筑业中的运用变成建筑技术改革的突破点，成就建筑行业真正的"二次创业"。

第二章　建筑工程施工的内容

第一节　土方工程

一、土方工程施工

土方工程的施工质量决定着建筑工程的施工质量。科学、合理的土方施工方案是项目后期平衡调配土方的重要基础。

（一）土方施工过程中常见的问题与解决措施

1. 积水

在土方施工的现场，由于施工场地辽阔，填土较深，施工设计人员要考虑现场的排水问题。如果场地周围没有相应的排水沟、截水沟等排水设施，现场的排水坡度不够，就会导致施工现场大面积积水或局部积水。预防措施：在项目施工之前，施工人员要进行充分的水文地质调查，科学设计建筑场地内的排水沟、截水沟等设施。建议将这些排水设施设计成永久性排水设施。另外，如果施工周期较长，会经历施工地点的雨季，施工技术人员一定要充分做好雨季施工排水措施，做好应对大量积水的预案。

处理方法：①明沟排水。在施工场地附近，挖掘深水沟，保证水沟沟底连接水井。在大功率排水泵的帮助下，及时将水井内的积水排出。②深沟排水。在较大范围内的施工现场，考虑排水量的问题，为了降低排水的复杂程度，建议在距离地基较远处开挖一条较深的排水沟。这样做的好处是借助大功率排水泵将施工现场内的积水排至深水沟。另外，要充分利用施工现场周围的正式排水系统、下水道，把积水顺利地排至明沟、暗沟。

2. 橡皮土

橡皮土是指在回填过程中，使用的含水量较高、带有腐烂植物的土壤及泥炭土等。冲击打牢过后，基土容易发生松动，造成受压的部分四周鼓起，形成凸出的状态。橡皮土的一个特点是具有不稳定性。

预防措施：在现场施工时，要求仔细鉴别回填土料。在进行回填之前，保证基坑内没有垃圾、杂物，及时将基坑内的水清理掉。

处理方法：要根据土方量的大小来决定。少量土方可以在回填过程中使用沙石；面对大量土方时，建议将普通的吸水材料放置于其内，进行吸水操作。

3. 回填过程中地基土层的压紧度问题

在回填场地中，地基受到载荷的作用而引发大变形，这样容易降低地基的稳定性。而土壤中的含水量、填土层厚度、有机质的含量等都会影响地基土壤的密实程度。

应对措施：在回填过程中，要保证土壤的类型、特点符合相应的规范、要求。根据建筑工程的性质，决定填土的密实程度。遇到特殊情况时，要分层冲击每个土层，加大土壤的含水量。

4. 填土边坡塌方、滑坡

土壤的边坡坡度较大、未能及时清理边坡基底的杂草与杂物、未能在原陡坡处形成阶梯状的回接，在回填边坡土壤时没有进行分层处理，边坡处的排水设施没有起到应有的作用，这些都会降低土壤内部的凝聚力，导致塌方。

应对措施：在回填过程中，要根据土壤填充的高度、填土的类型、工程的重要程度等设定填方边坡的坡度。及时清理基坑底部，做好回接的梯形接槎。另外，在施工过程中，要根据填土的压实标准，进行回填、冲击压实等操作。要在边坡的上下端，做好相应的排水设施。

5. 土层松动

在回填过程中，如果回填的地层包含了大量的黏土、粉质土，冲击打压表面后，通常会出现一层硬壳，使土层松动。

应对措施：在打击充实土壤的过程中，要严格控制土壤的含水量，避免在含水量较高的土层中进行回填作业。填充区域如果包含大量的地下水，就要做好相应的排水设施，及时、有效地排出地下水。采用土、石灰粉等吸水材料均匀掺入土壤中，利用其吸水性能，降低土壤的含水量。

6. 土层的密实程度

在回填时，如果填方的土壤没有达到相应的标准，其中的杂料、废物等含量超过8%，或含有其他的杂质作为填料，就不能达到合适的密实程度。在回填过程中，填充的厚度较大，且压实程度不够。

应对措施：严格按照相应的标准、要求，选择合适的土壤进行回填。根据相应的机械条件，选择合适的施工机械。借助实验等手段，测定土壤中的含水量、每层土壤的厚度、压实程度、机械行进速度。还需要进行实地检验，使其达到相应的密实程度标准。对于不符合相应标准、要求的土壤，建议采取更换土壤，掺入石灰、细石的防范方法，进行试压、加固。当土壤的含水量超过一定程度时，建议采取翻松、风吹以及重新冲击加压的方法处理；对于水分过小、碾压机具效果有限的情况，建议采取多次增压、更换大功率机械的方式进行碾压。

7. 边坡的界面不平整

在施工过程中，所使用的施工机械不符合施工规范，会出现多挖、少挖的现象。边坡上的松软土层受到外界自然条件的干扰，会出现坡面凹凸不平的现象。

处理措施：采用局部挖掘的方式，借助灰土进行冲击打实土层，建议在与原土层的接触位置采用台阶接槎，防止土层出现滑动。

（二）土方施工过程应把握的要点

在土方施工过程中，为了保证施工的质量、进度，要严格按照既定的方针、策略执行。在执行过程中，应把握好以下几个要点：第一，最大限度地利用当地的地形条件、自然环境，减少土方施工量。第二，满足项目功能的布置需要。第三，及时、有效地处理施工现场的给排水问题。第四，按照既定的相关指标要求来执行，不得私自更改施工方案。第五，在设计图纸的基础上，还要考量与周围环境的配合程度。基于以上考虑，土方的设计既要从整体建筑的外观入手，又要照顾整栋建筑的功能，最重要的是要考虑工程造价。

在建筑施工过程中，土方施工是基础，是施工之前的准备环节，决定整个项目工程的进度、质量。在整个建筑施工过程中，施工人员要科学、严谨地勘察、分析、管控好施工质量，把握好施工工艺，严格遵循相关的设计原则、施工标准，进行有效的施工作业。同时，还要做好相应的应急防范措施，一旦出现积水、橡皮土等问题，要采取相应的应对措施，积极应对，并积极总结施工经验，从中找到解决问题的途径。

（三）土方工程施工过程中存在的风险的识别

在土方工程施工过程中，主要存在以下风险因素。

1. 自然条件方面

地质情况、水文情况、气候情况。

2. 结构设计方面

基槽开挖的深度和宽度，填筑的高度和厚度等。

3. 施工原因方面

降排水的方法，放坡尺寸大小，施工方法与措施，选用的施工机械、施工顺序，桩基的设计与材料的选用，场地布置等。

4. 人员与技术管理方面

项目管理人员整体素质不高，技术不全面；在项目实施过程中未能编制有针对性的实施方案，未对施工人员及时进行安全技术交底，监督与检查不到位；机械操作、用电等特种作业人员未持证上岗或未经过严格的技术培训。

5. 周边环境方面

周边建筑物情况，周边基础设施的位置，周边工程施工情况，运输道路情况，水电供应等情况。

（四）土方施工过程中风险控制对策

针对施工过程中存在的各种风险因素，主要从以下几个方面进行控制。

1. 施工准备阶段

（1）勘察现场掌握第一手资料，摸清工程特征情况，有针对性地制订切实可行的施工方案，并经上级技术部门审核批准后执行。

（2）做好施工场地防洪排水工作，对施工现场进行全面规划与统筹安排。

（3）保护测量基准桩，以保证土方开挖标高位置与尺寸准确。

（4）做好施工用电、用水、道路及其他设施。

（5）深基坑土方的开挖要按有关技术规定要求进行基坑设计与处理，符合相关安全规范规定要求后，再进行土方工程开挖的施工。

（6）对特种作业人员，施工前应进行有针对性的安全风险教育和安全技术交底。施工人员应学习并掌握专项施工方案及技术重点要求，严格按照方案和规范的技术要求进行操作与施工。

（7）做好材料、机械设备等的准备与计划工作。施工前应对所需的材料、机械设备等进行采购或计划租赁，保证材料、机械设备符合施工进度计划的要求。机械设备应定期进行维修与保养，严禁机械设备"带病"工作。

2. 土方开挖的安全措施

（1）在施工组织设计中，要有专项土方工程施工方案，对施工人员、机械设备的准备、开挖方法、放坡、排水、边坡支护应根据有关规范要求进行设计，深基坑边坡支护工程要有设计计算书。

（2）根据土方工程开挖深度和工程量的大小，合理选择与之相匹配的施工机械设备和机械挖土施工方案。

（3）人工挖基坑时，操作人员之间要保持安全距离，一般大于 2.5 m；多台机械开挖，挖土间距大于 10 m，挖土自上而下，逐层进行，严禁先挖坡脚的危险作业。

（4）土方工程开挖前，对周围环境及施工现场要认真地进行检查，查明各种危险源。机械设备进场前应对现场和行进的道路进行勘察，不满足通行要求的地段应采取必要的加固措施。机械作业在地下电缆或燃气管道 2 m 半径及上下水管线 1 m 范围内进行时，应有专人进行监护与控制。作业时操作人员不得擅自离开岗位或将机械设备交给其他无证人员操作。严禁疲劳和酒后作业，更不能在危险岩石或建筑物下面进行作业。

（5）如开挖的基坑（槽）比邻近建筑物基础深时，开挖应保持一定的距离和坡度，以免在施工时影响邻近建筑物的稳定，如不能满足要求，应采取边坡支撑加固措施，并在施工中进行沉降和位移观测。

（6）基坑开挖应严格按要求放坡，操作时应随时注意边坡稳定情况，发现问题及时加固处理。基坑开挖深度超过 2 m 时，基坑的周边应有安全防护栏杆，防护栏杆应符合有关安全规范的规定。

（7）机械挖土，多台阶同时开挖土方时，必须有专人进行协调和指挥。机械在边坡行进，应根据规定验算确定挖土机械离边坡的安全距离。夜间工作时，现场必须有足够的照明，机械设备照明装置应完好无损并符合相关规范要求。

（8）两台以上推土机在同一区域作业时，两机前后距离不得小于 8 m，平行时左右距离不得小于 1.5 m。两台以上铲运机在同一区域作业时，自行式铲运机前后距离不得小于 20 m（铲土时不得小于 10 m），拖式铲运机前后距离不得小于 10 m（铲运时不得小于 5 m），平行时左右距离不得小于 2 m。

（9）深基坑四周设防护栏杆，人员上下要有专用爬梯。坡顶与坡底应有排水措施且排水通畅。

（10）为了防止基坑底的土被扰动，基坑挖好后要尽量减少暴露时间，及时进行下一道工序的施工。如不能立即进行下一道工序，要预留 15~30 cm 厚覆盖土层，待基础施工时再挖去。

（11）运土道路的坡度、转弯半径要符合有关安全规定。

（12）爆破土方要遵守爆破作业安全有关规定。土方爆破工程应由具有相应爆破资质和安全生产许可证的企业承担，爆破方案必须进行专家论证并严格按专家论证的方案实施。爆破作业人员应取得有关部门颁发的资格证书，持证上岗，爆破作业现场的管理人员也必须具有相应的资格。

（13）弃土应及时运出，如需要临时堆土，或留作回填土，堆土坡脚至坑边距离应按挖坑深度、边坡坡度和土的类别确定，在边坡支护设计时应考虑堆土附加的侧压力。

3. 检查与验收

（1）基础工程土方开挖前，首先要对施工机械设备、施工工艺、施工参数等进行检查。

（2）土方工程开挖前，深基坑工程要复核设计条件，对已经施工的围护结构质量进行检查，合格后方可进行土方工程的开挖。

（3）基坑土方开挖与验收主要包括以下内容：

1）开挖的深度、宽度尺寸情况；

2）基础降排水等情况；

3）回填土方的质量情况；

4）其他需要检查的内容。

（五）对基坑土方开挖过程中危险源的预防和控制措施

（1）在土方开挖过程中，对于深基坑工程应定期对基坑及周边进行巡视，随时检查基坑位移（土体裂缝）、倾斜、土体及周边道路的沉陷或隆起、地下水涌出、管线开裂、不明气体冒出和基础防护栏杆等的安全性。

（2）对于深基坑土方，在开挖过程中，必须严格按基坑变形监测方案及时进行监测，发现异常情况及时采取应对措施。当出现位移等超过预警值、地表裂缝或沉陷等情况时，应及时报告。如出现塌方险情等征兆时，应立即停止施工作业，组织撤离危险区域，并立即通知有关方面研究处理。

（3）在大雨、冰雹、大雪和风力 6 级及以上强风等恶劣天气条件下，要对正在开挖的基坑进行全面检查，对存在的隐患问题及时进行处理。

（4）对于深基坑土方的开挖，基坑支护结构必须达到设计强度要求后，才能开挖下层土方，严禁提前开挖和超挖。在施工过程中严禁机械设备或重物碰撞支撑、腰梁、锚杆等基坑支护结构，同时也不得在支护结构上放置或悬挂重物。

（5）基坑土方开挖后，应及时在基坑边坡的顶部设排水沟，基坑底部四周也应设排水沟和集水井，定期及时排出积水。基坑挖至坑底设计标高要求后，应及时清理基底并验收后及时浇筑混凝土垫层。

（6）在基坑开挖过程中，应严格按三级配电二级保护要求，安装好用电设备、设施，确保用电设备的安全，防止用电事故的发生。

（7）在土方开挖过程中，遇到下列情况之一时，应立即停止作业：

1）填挖区土体不稳定，异常软弱土层、流沙（土），有倒塌可能；

2）地面涌水冒浆，出现陷车或因下雨发生坡道打滑；

3）发生大雨、浓雾、水位暴涨及山洪暴发等情况；

4）施工标志及防护设施被破坏；

5）工作净空间不足以保证安全；

6）出现其他不能保证作业和通行安全的情况。

如有上述情况出现，应立即停止作业，及时查明原因，并采取有效的安全措施进行处理，确保符合安全作业条件后，方可继续施工。

土方工程的开挖过程，也是安全管理的过程。在施工过程中，应严格按照设计及施工规范等技术要求，认真地执行和落实到位。在施工过程中，应积极加强信息化方法的运用和管理。只有根据施工现场的地质情况和监测资料，对地质结论、设计参数进行验证，对施工工程的各项安全性进行判断并及时调整施工方案，才能确保整个施工过程的安全，才能保证人民生命及财产的安全，才能更好地节约工程项目投资，最大化地增强社会效益和经济效益。

二、土方工程造价的控制

工程结算是整个工程项目造价控制的最后阶段，土方工程造价因在整个工程项目造价中所占的比例较小，往往没有引起造价人员的重视。实际上，承包商通常从该部分工程中获取额外的利润。同时，土方工程造价因其特殊性，造价控制有一定的难度，引起的纠纷也较多。因此，需要采取有效的方法尽量减少或避免土方工程结算中的争议，以期客观、真实地反映这一分项工程的造价。

（一）土方工程造价控制的影响因素

（1）由于建设工程通常工期较长，而土方工程在施工初期阶段现场施工条件比较复杂，加之工程管理不健全，因此经常影响结算造价的准确性。在实际结算工作中经常出现由于现场土方堆运、调配等方面管理不善，造成结算造价大幅增加的情况。例如，在天津津滨威立雅水业有限公司投资的 DN 1800 大港供水工程结算工作中，施工单位上报的土方工程量远大于工程投标中的计算值，导致造价增加 200 万元左右。针对上述问题，通过仔细研究图纸及相关资料，并询问现场管理人员发现，这是由于施工方案中采取挖土后就近堆土，但实际堆土的位置影响了后续工程的工作面及场内运输，因此再次将堆土运出场外，从而导致造价增加。同时现场的不确定因素较多，实际情况远比设计图纸复杂，而且所需土方量较大，故增加了装土、运土、弃土、运输等费用。这种由于对现场情况预计不足、管理不善而造成的二次装运土、三次装运土的情况在实际工程中经常发生，同时由于土方购买费用很难控制，故土方工程造价难以控制。

（2）土方工程属于隐蔽工程，如果没有完整的隐蔽工程记录，对设计变更、工程联系单等未办理相应的签证或以书面形式加以确认，必将影响结算阶段的计价工作。一般工程项目的建设期较长，工程人员的流动性也较大。如果没有完整的隐蔽工程记录，没有对设计变更、工程联系单的工作内容是否已按要求施工进行确认，就会出现工作量无法确认的情况，使结算工作非常困难。例如，在笔者参与过的

DN 1800 大港供水工程的竣工结算中，由于该项目在施工阶段时间紧、任务急、现场情况复杂，而且同时有多家施工单位进场施工，因此给现场管理工作造成了一些困难，使部分隐蔽工程记录不齐全，手续不完整。此外，设计变更、工程联系单发出后，施工单位是否按要求实施未有书面确认等，因此在结算工作中就会出现很多问题。如按施工方案规定，所有的开挖均为机械挖土，但在实际施工中存在人工挖土，且签证等手续不完整，未说明原因及实际挖土的土方量等，而隐蔽工程记录对此无记载，其他竣工资料也没有相关记录，则该部分土方工程的结算存在很大争议。施工单位结算的造价是 258 万元，而笔者根据现有竣工图及竣工资料计算的工程造价仅为 173 万元。通过与现场监理人员反复核实，最后只能估算确定，无法客观、真实地完成计价工作。

（3）施工工序、方法、工期、季节性施工等往往给工程造价带来很大的差异。在实际工作中，施工单位编制的施工方案规定基坑采用机械大开挖，根据相关施工规范，当进行基坑机械挖土时，为了防止超挖及对基底原土的扰动，最多只能开挖至基底以上 10 cm，用人工挖土完成剩余的土方开挖工作。在实际施工中，施工单位在已经平整好的场地进行基坑机械大开挖，挖至离设计基底标高 10~20 cm 处改用人工挖土。因此，甲方计价人员将这 10~20 cm 记为人工挖土场地平整项目，而施工单位计价人员则认为应用机械挖土。由于定额的计价规则对此无明确规定，故计算结果出现争议。

（4）由于土方工程所处的地理条件复杂，地质勘测取样数量不足，可靠性不高及图形不规则，因此，给工程量的计算带来差异。土方工程是项目开发初期的第一步工作，往往由于项目用地的地理条件复杂（如山地、坡地）、地质勘测取样数量不足（取样点间距过大，无法准确地反映实际地质地貌）等，影响了竣工图纸的准确性，从而使土方工程的工程量计算不够准确。例如，某房地产项目的建设用地为一山包，且坡度起伏变化较大，在进行原始地形测量时，取样点仍按一般场地布置（10 m×10 m），结果制作出的等高线地形图与现场实际差距非常大，按图计算的工程量与实际结果有明显误差。

（二）土方工程造价控制的关键及措施

（1）通过对施工方案的审查，强化施工前的方案控制。施工方案是指导施工过程的重要文件，也是影响工程造价的重要文件。因此，在施工单位编制施工方案后，甲方和监理应该在充分了解施工现场的前提下，认真审核施工方案的可行性、经济性，并尽可能对施工方案进行优化。此阶段，造价人员应及时介入，通过对各种施工方案进行造价评估，为最后的施工方案的选择提供参考意见。对土方工程施工方案的审核应重视开挖方式（人工、机械）和运输方式的选择、运距的确定以及场内土方的倒运等。

（2）加强施工现场管理，对施工过程形成文字记录，作为将来结算的依据。土方工程为隐蔽工程，做好分部分项工程验收记录非常重要，特别是设计变更和工程联系单，应以书面形式对变更内容是否实施、如何实施加以确认。现场工程管理人员应强化责任心，工程造价人员应深入现场，及时掌握施工现场的实际情况。实际施工方法与施工方案不相符时，应及时进行文字记录，以便将来查询。设计变更和工程联系单发出后，应及时跟踪了解实施情况，并将实施过程、实施结果形成文字记录。总之，只有对土方工程的施工全过程形成完整及详细的书面文字记录，结算时才能避免出现各类纠纷。

（3）提高造价人员的专业技术水平，积极运用科学的计算方法和工具，客观、真实、准确地完成土方工程的计价工作。工作中经常遇到土堆形状不规则、标高较多等复杂情况，以往是按照地面的平均标高、土方的厚度进行估算，然后协商确定工程量，因此无法准确反映工程量。目前可以采用计量软件或 AutoCAD 制图软件与 Excel 软件相结合的办法解决这一问题，这就要求造价人员及时学习先进的工作方法，以提高工作效率及工程量计算的准确性。

为了实现工程造价的有效控制和管理，合理、全面、真实地反映建筑产品的价值，应在施工阶段采取各种措施实现工程造价的管理和控制，尤其要注意在施工前，根据设计要求和相关规范制订合理的施工方案。造价人员也应积极介入施工管理全过程，提高工程造价控制工作的主动性，以期有效控制工程造价。

三、土方工程机械的选择

土方工程一般都在露天的环境下作业，因此施工条件比较艰苦。人工开挖土方，工人劳动强度大，工作繁重。土方施工经常受到各地气候、水文、地质、地下障碍物等因素的影响，不确定因素也较多，施工中有时会遇到各种意想不到的问题。土方工程施工有一定的危险性，应加强对施工过程中安全工作的领导。土方工程机械启动前应将离合器分离或将变速杆放在空挡位置。机械在慢速行驶时人员不得上下机械和传递物件，上坡不得换挡，下坡不准空挡滑行。

若在深沟、基坑或陡坡施工地点作业，必须有专人指挥才能施工。几台机械一起作业时，前后左右应保持一定的安全作业距离。

（一）土方工程机械的种类

土方工程机械种类繁多，有推土机、铲运机、平土机、装载机、自卸车、松土机、单斗挖土机及多斗挖土机和各种碾压、夯实机械等。在建筑工程施工中，以推土机、装载机、自卸车、铲运机、挖掘机、压路机和平地机应用最广，也具有代表性。

以铲运机为例，铲运机是一种能综合完成全部土方施工工序（挖土、装土、运土、卸土和平土）的机械，按行走方式分为自行式铲运机和拖式铲运机两种。铲运机操作简单，不受地形限制，能独立工作，行驶速度快，生产效率高。铲运机适于开挖一类至三类土，常用于坡度20°以内的大面积土方挖、填、平整、压实，以及大型基坑开挖和堤坝填筑等。铲运机运行路线和施工方法视工程大小、运距长短、土的性质和地形条件等而定。其运行路线可采用环形路线或"8"字路线。其中，拖式铲运机的适用运距为80~800 m，当运距为200~350 m时效率最高。而自行式铲运机的适用运距为800~1500 m。采用下坡铲土、跨铲法、推土机助铲法等，可缩短装土时间、提高土斗装土量，以充分发挥其效率。

（二）土方工程机械的选择与合理配置

1. 土方工程机械的选择

土方工程机械的选择，通常应根据工程特点和技术条件提出几种可行方案，然后进行技术经济分析比较，选择效率高、综合费用低的机械进行施工，一般选用土方施工单价最小的机械。在大型建设项目中，土方工程量很大，而当时现有的施工机械的类型及数量常常有一定的限制，此时必须将现有机械进行统筹分配，使施工费用最小。一般可以用线性规划的方法来确定土方工程机械的最优分配方案。

2. 土方工程机械的操作要点

（1）当地形起伏不大、坡度在20°以内、挖填平整土方的面积较大、土的含水量适当、平均运距短（一般在1 km以内）时，采用铲运机较为合适；如果土质坚硬或冬季冻土层厚度超过100 mm时，必须由其他机械辅助翻松再铲运。当一般土的含水量大于25%或黏土的含水量超过30%时，铲运机会陷车，必须将水疏干后再施工。

（2）地形起伏大的山区丘陵地带，一般挖土高度在3 m以上，运输距离超过1000 m，工程量较大且集中，一般可采用正（反）铲挖掘机配合自卸汽车进行施工，并在弃土区配备推土机平整场地。当挖土层厚度为5~6 m时，可在挖土段的较低处设置倒土漏斗，用推土机将土推入漏斗中，并用自卸汽车在漏斗下装土运走。漏斗上口尺寸为3.5 m左右，由钢框架支承，底部预先挖平以便装车，漏斗左右及后侧土壁应加以支护。也可以用挖掘机或推土机开挖土方并将土方集中堆放，再用装载机把土装到自卸汽车上运走。

（3）开挖基坑时，如土的含水量较小，可结合运距、挖掘深度，分别选用推土机、铲运机或正铲

（或反铲）挖掘机配以自卸汽车进行施工。当基坑深度为 1~2 m、基坑不太长时，可采用推土机；长度较大、深度在 2 m 以内的线状基坑，可用铲运机；当基坑较大、工程量集中时，可选用正铲挖掘机。如地下水位较高，又不采用降水措施，或土质松软，可能造成机械陷车时，则采用反铲、拉铲或抓铲挖掘机配以自卸汽车施工较为合适。移挖作填以及基坑和管沟的回填，运距在 100 m 以内时可用推土机。

（三）土方工程机械伤害的防范措施

一般包括：起重机械伤害；提升机械伤害；土方机械伤害；搅拌机械伤害；其他机械（如钢筋机械、装修机械等）伤害。

1. 管理防范措施

①严格实行安全生产责任制。应贯彻执行"安全第一，预防为主"的方针，设置专门的安全管理机构，明确各级负责人的责任。②设备配备环节严格把关。③加强对设备的安全管理和维护。④开展安全技术培训。⑤加强安全检查，消除安全隐患。

2. 土方工程机械伤害的一般防范措施

①操作人员应体检合格，经过专业培训、考核合格并取得操作证或机动车驾驶执照后，方可持证上岗。②在工作中操作人员和配合作业人员必须按规定正确穿戴劳动保护用品，长发应束紧不得外露，高处作业时必须系安全带。③操作人员在作业过程中，不得擅自离开工作岗位或将机械交给其他无证人员操作。严禁无关人员进入作业区或操作室内。④机械必须按照出厂使用说明书规定的技术性能、承载能力和使用条件，正确操作，合理使用，严禁超载作业或任意扩大使用范围。⑤机械上的各种安全防护装置及监测、指示、仪表、报警等自动报警装置、信号装置应完好齐全。安全防护装置不完整或已失效的机械不得使用。⑥机械不得"带病"运转。操作人员应认真及时做好各级保养工作。运转中发现不正常时，应先停机检查，排除故障后方可使用。严禁在运转中检查、维修各部件。机械维修保养时，应将所有控制开关扳至零位，切断主电源，并在闸箱处挂"禁止合闸"标志，必要时应设专人监护。⑦停用 1个月以上或封存的机械，应认真做好停用或封存前的保养工作，并应采取预防风吹、雨淋、水泡、锈蚀等措施。

土方工程机械在施工的过程中要严格遵守工程机械的施工要求和制度，根据不同的土方施工环境，选择合适的工程机械，同时在施工的过程中要注意安全施工管理。

四、土方工程项目进度管理

（一）土方工程项目进度管理的概念和意义

1. 土方工程项目进度管理的概念

土方工程项目进度管理是指，对工程项目各阶段的工作内容、工作程序、持续时间和衔接关系编制进度计划，并将该计划付诸实施的过程。在执行该计划的施工中，经常需要检查土方工程施工实际进度情况，并将其与计划进度相比较。在比较过程中，若出现偏差，要合理地分析原因，并推出调整措施，修改原计划。不断循环，直至工程竣工验收。土方工程项目进度管理的最终目的是确保建设项目按预定的时间或提前交付使用。此外，做好土方工程项目进度管理工作，要求在后期的施工过程中，提高土方工程质量水平和施工过程中的安全性，不能盲目赶工程进度，避免给承包商带来经济损失。

2. 土方工程项目进度管理的意义

随着我国经济的发展，以及城市化建设的加快，土方工程项目也越来越多。通过科学、有效的方法切实提高土方工程项目进度管理水平，对于促进土方工程领域更好的发展意义重大。近年来，土方工程建设的规模逐渐扩大，工程施工工艺难度也逐渐增加。在土方工程施工过程中，经常出现各类质量不达标和延期现象，影响工程项目的顺利建设。因此，加强土方工程项目进度控制与管理具有重大的实际意义，不仅可以避免一些由于计划不合理或者突发因素而引起的工程质量不达标现象，而且可以有效地避免由于承包商自身的原因、风险因素等而带来的工程延期事故。总之，科学、有效地提高土方工程项目进度管理水平，能够使工程有效地避免众多由于延期而带来的纠纷和麻烦，促进工程建设顺利进行，切实提高土方工程整体质量水平。

（二）土方工程项目进度管理的工作内容

土方工程项目进度管理和控制工作的主要内容和流程如下。

（1）在土方工程项目施工开始前，科学、有效地编制出施工总的进度计划，经审核批准后，按照计划执行，在要求的工期内完成整个工程项目。

（2）相关管理人员要编制土方工程项目进度计划，并规范进度计划的管理。进度计划要详细到季度、月、旬的作业，并保证完成任务规定的目标。

（3）在土方工程项目进度计划的实施过程中，相关管理人员要采取适当的方法，定期跟踪检查土方工程的实际进度状况，然后与计划进度进行对照、比较，找出其中的偏差。通过科学、有效的方法，细致地分析产生偏差的原因，并及时有效地与监理单位、承包商和相关部门进行指导、监督和协调，采取措施调整工程进度计划。

在整个土方工程项目的施工过程中，为了充分做好项目管理工作，相关人员要不断地循环往复这个过程，直至整个项目竣工。土方工程项目进度控制和管理工作，能够避免预算大幅度增加等，保证工程项目的经济效益，给承包商的发展带来更大的机遇。因此，相关管理人员要提高对土方工程项目进度控制和管理工作的重视程度，切实加大管理力度，促进土方工程建设的顺利、高效展开。

（三）土方工程项目进度管理存在的问题

1. 土方工程项目计划不完善

目前，我国许多的土方工程项目实施中，项目计划体系还不够完善，没有制度化、明确化的相关规范。在土方工程施工过程中，许多施工人员并不能了解具体的项目进展情况。土方工程项目计划不完善的一个重要原因是一些项目计划的编制者往往只是把计划和流程记在脑子里，而没有具体落实。

此外，计划上基本都是采用施工进度横道图，有时在编制网络计划时用双代号网络图，这些都不能很好地优化计划，使其更好地实行。比如，一个成立于1998年的某建筑集团，通过自己的努力，有了很好的发展，综合生产能力一路提升。但是随着接手的土方工程项目越来越多，项目计划中出现的问题越来越多。经常出现各地项目延期的严重问题，进度不能保证。有时，项目总负责人管理事情过多，出现"顾东顾不了西"的情况。同时，负责人能力不足，致使项目施工过程中问题颇多，使整个建筑集团陷入困境，严重阻碍公司的发展。

2. 土方工程项目施工进度影响因素考虑不周

承包商对影响土方工程项目施工进度的因素考虑不周，是土方工程项目进度管理存在的问题之一。在土方工程项目的施工过程中，有许多因素会影响到工程的施工进度。

（1）人为因素。承包商、监理单位、图纸设计单位等都会带来人为因素，这些人为因素可能会使土方工程施工过程出现不规范或者是偏离设计标准的情况。如果这些因素不能得到很好的处理，就会影响工程的施工进度。

（2）设计变更。在土方工程施工过程中，存在施工设计的变更或者图纸设计不符合实际施工情况等客观因素。如果这些问题不能及时解决或者达成一致，将导致土方工程中断，严重影响施工进度。

（3）天气因素。天气因素也可能会给土方工程建设带来影响，影响工程的施工进度。在施工过程中出现的恶劣天气或者是自然灾害，都可能会使施工无法进行。如果这些因素不加以考虑，也会影响施工进度。目前，我国的许多承包商都不能很好地考虑这些因素，一味地赶工期，造成土方工程的最终质量不高。因此，承包商在土方工程施工前，应对影响土方工程项目施工进度的因素进行合理的管理和控制。

（四）加强土方工程项目进度管理的有效措施

1. 完善土方工程项目计划

随着工程建设市场的逐步规范化，完善土方工程项目计划越来越重要。下面将具体介绍如何有效地完善土方工程项目计划，加强进度管理，保证工程高质、高效地施工。

（1）充分做好土方工程前期计划准备。要切实、有效地完善土方工程项目计划，促进土方工程项目进度管理的有效进行，相关管理人员要做好土方工程的前期计划准备工作。每一个土方工程项目的施工都是一个很复杂的程序，一般需要很多人力、物力、财力的投入。同时，在施工过程中，大多是高度机械化、高要求的工作。因此，充分、扎实、严细的前期准备工作可以创造优良的内部施工环境，可以保证施工的顺利进行。施工的前期准备包括施工的技术准备、法律准备以及各方面的协调准备和现场准备等。每项准备都是十分必要的，都是使工程按期进行的前提条件，也是承包商取得良好的经济效益和社会效益的先决条件。

（2）完善施工过程的计划管理。土方工程的施工多是户外和机械化作业，工程量较大、周期较长。因此，良好的施工计划管理显得十分重要。施工计划管理不仅包括施工进度管理，而且包括质量管理、技术管理等。其中，关于进度管理，应按照工艺要求和业主提出的变更计划以及施工过程中与原计划出现的偏差，不断调整进度计划，充分利用工时，最大限度地缩短工期并保质保量地完成整个工程项目的施工。

除此之外，要充分完善施工过程的计划管理，做好施工所需的物资设备准备和施工过程中的安全生产保障等。这样才能使整个土方工程项目的施工顺利进行，也是承包商取得良好的经济效益和社会效益的必要条件。

2. 充分考虑土方工程项目施工进度影响因素

在土方工程项目进度管理中，应充分考虑土方工程项目施工进度影响因素，这对于及时分析问题、解决问题具有重要的意义。承包商应从工程的前期准备直至工程项目的交付使用都处理好施工的内外部环境，对于可能会影响土方工程建设的各个因素进行充分的考虑，找到相应的预防措施，进而保证工程建设的有效、高效进行。在工程建设前期，还要对影响进度的因素进行一定的分析，最大限度地减小其对土方工程项目施工进度管理的影响。

3. 优化管理制度并提高管理水平

在土方工程项目进度管理中，通过科学、有效的方法，切实优化管理制度并提高管理水平，对于加强工程管理，保证土方工程有序、高效建设具有重大的意义。为了有效地落实好优化管理制度并提高管理水平等工作，企业要逐步提高管理者的管理水平和技术人员的技术水平。一般来说，工程项目施工现场的监理人员，要比其从业人员更了解安全生产的法律法规和标准规范。作为施工现场的监管人员，要履行好自己的责任。监理人员要将从业人员的安全放在第一位，要规范施工人员的行为，起到更好的监管作用，从而控制好土方工程项目施工现场的进度。此外，施工单位还要培养更多的专业技术人员，增加科技成果在工程项目施工中的应用，制订出规范的进度计划，最大限度地保证项目的进度计划和质量标准，提高企业的经济效益。

总之，科学、有效地分析土方工程项目进度管理存在的问题，并切实提高施工进度管理水平，对于保证土方工程的质量水平，提高经济效益具有重要的意义。目前，我国许多土方工程的进度控制和管理还存在许多问题，与一些西方发达国家相比还存在一定的差距。因此，我们在保证原有水平的基础上，要不断地创新和探索，考虑到所有可能的影响因素，解决土方工程项目进度管理中存在的问题，进一步促进我国土方工程领域持续、稳定、健康地发展。

第二节 桩基础工程

一、桩基础施工

在展开建筑工程建设期间，虽然会使用到多种不同的施工技术，但是其中桩基础施工技术不仅是使用频率最高的技术，也是杜绝被忽略的部分，因为其能对建筑工程质量和价值起到决定作用。所谓桩基础其实是桩基和桩顶承台共同组成的工程。在桩基础工程展开施工时，既要考虑影响桩基础施工的各项因素，也要基于实际情况选取相适应的施工技术，以促使桩基础施工符合相关要求。另外，在桩基础施工中使用相适应的施工技术，不但能增强建筑结构的承受能力，而且还能提升建筑物的稳固性，甚至预防部分建筑工程发生相关方面的坍塌事故，从而保证施工人员及其他人员的安全，这对建筑工程行业长远发展具有很重要的现实意义。

（一）常见的桩基础施工技术

1. 人工挖孔桩

在桩基础工程施工期间，人工挖孔桩（见图2-1）是使用比较多的技术。人工挖孔桩施工技术使用的时间较早，在使用期间能借鉴的经验很多，而且该项施工技术使用期间的成本偏低。另外，桩基础工程施工中使用人工挖孔桩技术，既能降低对生态环境的污染程度，减少工程施工中对资源的损耗，也能缩短工程施工周期。同时，该项施工技术操作难度系数偏低，在人工挖孔桩期间，桩基通常具有相对较大的承载力，从而增强桩基的稳定性。但是该项施工技术在使用期间存在一定的局限性，其只能被应用于地下含水量在20 m以下的土层。换言之，如果地下含水量超出20 m，该项技术不具备适用性。

图2-1 人工挖孔桩

2. 振动沉桩

在桩基础工程施工期间，通常会使用多种施工技术，振动沉桩（见图2-2）便是其中的一种。振动沉桩技术应用期间，主要是基于振捣器和重力的作用，增强岩土的密度，在此过程中建筑承受力也会发生改变，最后达到建筑工程预期规划建设的要求。在桩基础工程施工过程中采用振动沉桩施工技术时，相关人员要先勘察工程施工区域内的地质条件，如土壤情况。如果工程区域内的土壤黏性偏低，那么振动沉桩技术是首选。在使用振动沉桩技术期间，施工人员在进行"打桩"操作时要根据相关要求，合理控制"打桩"的力度，以确保桩基础施工能获取良好的效果。

图 2-2　振动沉桩

3. 钻孔灌注桩

在桩基础工程施工期间，往往也会对钻孔灌注桩（见图 2-3）加以应用，这种施工技术在使用期间，对机械设备有很强的依赖性，严格来说，其是一种浇注桩。因此，在钻孔灌注桩技术使用期间，需要凭借钢筋笼作为辅助条件，从而使桩基础施工的性能符合相关要求。在桩基础工程施工过程中，使用钻孔灌注桩施工技术的基本步骤如下：第一步，使用相适应的机械设备合理展开钻孔作业。第二步，根据相关要求做好桩基支撑作业。众所周知，在桩基础工程施工过程中，桩体受力位移过程中必然会产生相应的动态压力，利用此种动态压力来展开桩基础填补工作，可以达到减少缩颈的目的。除此之外，要基于实际情况适当增加桩基和地面的接触面积，以增强桩基础的稳定性。在桩基成孔以后，需要及时拆除孔内的钢筋，进一步提升桩基础工程施工质量。

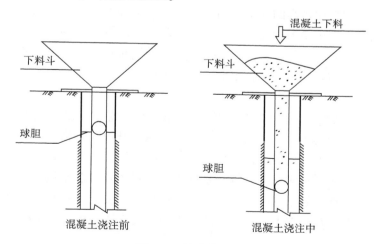

图 2-3　钻孔灌注桩

4. 静压桩

目前，在建筑工程桩基施工期间，静压桩（见图 2-4）是一种新型的桩基础施工技术，使用效果也相对较好。然而，该种施工技术在使用期间，技术成本比较高。静压桩技术在使用期间，通常具有诸多方面的优势，主要有以下几点：①不会产生严重的噪声污染；②使用的施工设备和设施相对较简单；③操作难度系数小；④资源损耗量少，与现阶段低碳经济理念相符。静压桩技术在使用期间，主要是借助设备所产生的压力来完成相关的桩基础施工操作，应用分段式压入方法来展开测量定位工作，随后进行桩基等级的划分，最后根据相关规范标准要求有序打入桩基。

图 2-4　静压桩

（二）建筑工程施工中桩基础施工技术的施工要点

1. 勘察施工现场和周边环境

在桩基础工程施工过程中，除了涉及诸多方面的问题以外，还会受到很多因素的影响，如地质条件等。这就要求相关工作人员对工程施工现场和周边环境展开全方位勘察，尤其是地形地势复杂的工程区域，并做好相关方面的信息数据收集工作，在制订桩基础工程施工方案期间及桩基础正式施工期间，都要以该部分信息数据作为参考资料，促使桩基础工程施工期间能有相应的先决性条件，进而使桩基础工程施工能按照相关规定展开，最终为建筑工程施工有序推进创建良好的条件。

2. 做好施工前的准备工作

其一，在建筑工程施工期间，施工现场要始终处于干净整洁的状态。其二，由于桩基础施工期间，不但对成桩施工现场有着比较高的要求，而且成桩的密集型特点突出，因此务必确保工程施工现场物资充足，且与桩基础工程施工要求相符。同时，桩基础施工现场要保持平整状态，这样能保证桩基础施工做到按照工程规划方案展开。其三，由于桩基础施工种类相对较多，工程施工前期准备工作也会存在差异性，因此要按照工程实际情况展开施工前的准备工作。

3. 放线工作

在桩基础工程施工时，放线工作是非常重要的部分，因此要做好以下几点工作：第一，在放线阶段，要以工程施工设计图纸和具体放线方案为基础条件，在展开放线操作期间，应该遵循相关规范标准要求，如技术规定。第二，在展开放线操作之前，要对放线区域做好实地勘察，从而确保桩基础上的轴线、轴线位置与工程设计方案要求相符合，轴线是在工程建设限定的放线网格内。第三，在展开定桩施工期间，要使成桩效果达到相关要求。在放线作业结束以后，还要复查和校对放线的情况，使放线施工水准点的偏差不会太大，即便存在误差，也在限定范围内，最终达到提升桩基础工程施工质量的目的。

（三）建筑工程施工中桩基础施工技术探讨

1. 筑桩技术

在建筑工程展开桩基础建设过程中，筑桩是不可被忽略的部分。要想筑桩效果得到保障，那么在桩基础施工阶段要规范化展开进桩操作，并推行增加压力的方式，促使压桩能符合预期规划施工方案的要求。在展开压桩操作期间，桩身和每层土体之间的土层紧实应符合限定要求，只有这样，才能形成对应的土体抗剪力。在桩基础施工过程中，必定会释放一定量的进桩阻力，因此在进桩下压时间段内，要确保其始终处于匀速状态，并且进桩方向要与桩基完全相同，最大限度地避免钢筋和部分预留孔桩。桩基础不仅要与基础表面保持适当的距离，还要预留相适应的空隙，以满足压桩阶段的缓冲。在预制桩压桩施工过程中，要注意以下问题：①在混凝土整个浇筑过程中，不管是混凝土的黏合度还是混凝土浇筑质量都要与规范标准要求相符。②合理展开混凝土检验工作，在混凝土检验达到相关要求以后，才能再展开后期的混凝土浇筑工作。

2. 补桩和纠偏

在整个桩基础施工过程中，不管是补桩还是纠偏都是很重要的部分，其可以确保桩基础施工质量达到建筑工程建设要求。所谓补桩就是在前期打桩过程中，与规范标准要求存在差异性，然后按照规定对桩基础进行适当性修复处理。补桩从某种意义上而言是一种压力式作业，而压力是来自地下室和承台结构承受的静压力。桩基础施工效果与施工操作、机械设备运行情况有着紧密的联系。如果桩基础施工效果与预期规划方案不同，则要对桩基础展开针对性和必要性的纠偏处理。纠偏服务通常是针对存在偏斜类的桩基础，纠偏不仅能避免桩基础在后期呈现出断裂现象，还能使偏离规定的桩基础得到纠正。另外，要想桩基础的稳定性得到进一步加强，则要对承台展开适当性的扩大处理，这样有利于提升桩基的重力。更为重要的是，该种方式还能使桩基承台平面压力偏小的情况得到弥补，即使桩基础工程施工期间存在各种各样的问题，也能强化桩基础的承载力，使桩基础承载力符合相关规范标准要求。

（四）建筑工程施工中桩基础施工注意事项

1. 控制桩基础的荷载量

在展开桩基础施工期间，施工人员需要对桩基础的荷载量进行有效控制。如果桩基础的荷载量并未得到妥善的控制，那么在后续使用期间，极有可能造成桩基础出现超荷载的现象，使桩基础发生沉降方面的问题，从而对建筑工程施工有序推进造成影响。为了确保桩基础的荷载量得到有效控制，要做好有关方面的设计工作，特别是桩基础部位和数量的设计工作，以此作为前提条件，然后施工人员选取相宜的桩基础施工技术，这样不但能使桩基础的荷载量得到有效控制，而且还能确保桩基础施工具有科学性和合理性。

2. 分析施工现场土质条件

在展开桩基础施工期间，不仅要将焦点投放在桩基础的荷载量控制方面，也要对施工现场的土质条件展开综合性分析，而且土质分析工作要在桩基础施工设计工作展开以前进行。因为只有对工程施工现场土质展开全面性勘察，并对勘察结果展开事无巨细的分析，才能对工程施工区域的土壤渗透性和含水量等相关信息有充分的了解和掌握，然后选取适宜的桩基础类型，继而确保桩基础的承载力达到相关规范标准要求，且有效预防桩基础施工期间出现各种风险。

3. 选取适宜的设桩工艺和桩型

其一，在建筑工程施工期间，需要考虑以下几个方面的问题：结构的基本类型、荷载的性质、桩的使用功能、建筑工程的安全等级等。其二，建筑工程施工现场则要考量以下几点：施工区域的地形条件、施工区域的地质条件、施工区域的水文条件等。其三，施工技术方面则要考量施工团队的综合素质、机械设备的水平、施工的经验等，这样才能选取最佳的桩型和成桩工艺。

4. 加强施工材料和机械设备控制

在建筑工程展开相关施工期间，不仅对施工技术有着比较高的要求，对施工材料和机械设备也有很高的要求，因此建筑工程施工中使用的施工材料和机械设备必须与工程建设要求相符。每项工程施工的地点不同，其在地质条件和其他因素的共同影响下，对施工材料和机械设备及施工技术的要求也会有所不同。例如，在使用钻孔技术期间，与工程实际情况相结合，则能确保工程施工有序推进。在建筑工程施工期间使用的施工材料和机械设备，工程企业要分配专业的人员来负责采购，且在采购期间要选取与工程施工相符的施工材料和机械设备。在施工材料和机械设备进场以前，有关技术人员要对施工材料和机械设备展开质检，主要是检查施工材料的质量，以及机械设备的性能和功能，保证施工材料和机械设备没有任何问题，从而使建筑工程施工期间不会因为施工材料和机械设备的缘故而使建筑工程施工过程中存在安全和质量的问题。在建筑工程施工过程中，施工管理人员要安排专业人员对机械设备做好维护和检修处理，确保在建筑工程施工中机械设备不会存在故障方面的问题，同时施工人员的安全能得到保证，工程施工工序也能顺利推进。就常规情况来讲，建筑工程从最初的筹划到工程竣工需要很长一段时间，在此过程中无论是施工材料还是机械设备都要将其存放在规定的地点，以及分配专业人员展开管理，降低恶劣天气和环境方面的问题对建筑工程施工造成的不良影响，避免建筑工程施工质量和效率无法得到保障，甚至延长建筑工程施工周期。由此可见，加强施工材料和机械设备控制，对建筑工程施工进度按照规划方案展开有着非常重要的意义。

5. 提升施工人员的素质

建筑工程施工流程要想做到按部就班地推进，需要相关工作人员携手合作。与此同时，施工人员的素质也非常重要，其能对建筑工程各个方面造成不同程度的影响。第一，在桩基础施工期间施工人员有着非常重要的作用，其不仅要准确地控制桩身位置，还要确保桩基在正确的位置上。与此同时，还要控制桩基垂直的高度，其中每项施工操作都要保证不会出现任何偏差，因为其与整个建筑工程施工进度和质量有着直接的联系。第二，桩身的钢筋和混凝土控制也是很重要的部分，其能对桩身的承重起到关键性的作用。由此可知，桩基础施工中的每项工作都与整个工程有着密不可分的关联。因此，桩基础施工中的每个步骤，相关施工人员都要认真对待，以保证桩基础施工的精确性。总而言之，在整个桩基础施工期间，需要相关技术人员的积极参与，以保证桩基础施工能顺利推进。由此可知，提升相关技术人员的素质至关重要，不管是对建筑工程按照施工规划方案展开，还是对建筑工程适用性和经济价值的提升，都有极为重要的意义。相关技术人员要顺应时代发展趋势提升自身综合素质，使建筑工程施工流程规范化和秩序化展开，进而促使建筑工程施工的安全性得到保障。

综上所述，在建筑工程施工期间，桩基础是非常重要的部分，对建筑工程施工质量和稳定性都有重要的影响。因此，工程企业在展开桩基础施工期间，不仅要充分了解和掌握桩基础施工中使用到的每项施工技术，还要强化桩基础施工过程控制，以便确保桩基础施工能高效完成，进而为后续建筑工程有序推进奠定良好的基础条件，提升建筑工程施工质量。

二、桩基础工程的测量

在建筑项目中，通常使用的深层基础施工技术是桩基础施工。在施工过程中，根据桩的不同类型，需要进行施工测量。在展开桩基础施工时，应进行实时监测，施工后应检查工程质量，并进行桩基完工测量。主要测量内容和测量方法有必要从实际分析的角度进行研究。

（一）工程测量概述

1. 工程测量的基本概念

工程测量主要是指桩基工程设计、施工和管理中勘察工作的基本理论、技术和方法的统称，属于提供现代工程建设的领域。工程测量分为两类，一类基于项目的建设时间，另一类基于服务的类型。

2. 测量工作

（1）提供现场施工标志。任何桩基项目的现场施工第一步都是进行现场测量技术工作，将施工设计图与实际工作条件结合起来，并根据施工各个方面的要求和标准准确地进行设置。完成此操作后，可以确保后续桩基础施工的顺利进行。

（2）桩基的后续检查。铺设桩位可为项目现场的施工提供基础，并为后续的施工监测工作提供重要的指标。

（3）施工结束后的验收指标。桩基施工完成后，要严格测量桩基，严密检查桩基与设计桩位置的偏差。在确认检查结果符合标准后，可以进入下一个测量和构建阶段。

3. 技术标准

在建造桩基时，设计者和建造者必须要求建筑物的尺寸精度和偏差符合要求，通常以实际长度与设计长度之比来衡量。如桩基础的轴线与桩的位置主轴之间的差，或桩基础的主轴与周围建筑物的位置之间的差。

（二）桩基工程测量的主要任务

（1）根据设计和施工要求，在拟建区域的总体设计方案中准确测量建筑物桩基础的位置，并为桩基工程的施工打分。

（2）对桩基工程进行监测。

（3）桩基施工完成后，有必要进行桩基完工测量，以检查施工质量并为岩土工程项目的施工提供桩基数据。

（三）建筑工程桩基施工调查技术要求

设计和施工单位对建筑项目尺寸精度的要求不是基于测量误差，而是基于实际长度与设计长度之比的误差。长度尺寸精度要求有两种。第一种是建筑物轮廓主轴相对于周围建筑物的相对位置的精度，即新建筑物的位置精度。第二种是建筑物桩定位轴和主轴的相对定位精度。

（四）桩基施工调查质量控制点

1. 桩位置偏移问题

在桩基础施工中，桩位置偏移问题主要是指桩顶部中心点相对于桩的水平桩位置轴和垂直桩位置轴的位移。桩的类型不同，桩的位置偏移也有所不同，但通常需要将偏移值限制在一定的范围内。通常，桩顶部的高度差相对较小。在测量过程中，偏移值可以通过拉线法确定，必须在原始水平或恢复水平之间的引导点处拉桩。对于细尼龙绳，从桩顶中心到尼龙绳的垂直距离应以平方测量，测量数据为桩位置偏移量。同时，有必要在附图中指示位置偏移量，以及偏移的主方向。一些桩顶的高度变化很大。在偏移量测量中，应在图纸上标明桩的偏移方向，以进行数值统计和分析，并确保桩基工程的施工测量质量。

2. 单桩竖向静载荷

桩基工程施工测量工作完成后，沉降程度受桩基工程荷载的影响，在这种情况下，可以通过试验研究表来分析单桩竖向静荷载。桩基础工程施工使用的桩材料类型不同，材料强度也不同，因此，实际施工中出现的荷载力和变形特性也不同。在工程测量中，必须首先确定单桩的垂直静载荷能力。在载荷试验中，有必要分析单桩承载力设计是否满足工程标准的要求。技术参数可以参考《建筑桩基技术规范》。测量员可以确定施工现场单桩的垂直极限静载荷的标准值，并且必须确保在相同实验条件下测试的单桩数量至少为1。实验中测得的单桩数量应大于或等于3。只有这样，实验参数才有效，才能验证单桩的垂直静载荷强度。确保对桩基础施工的测量得到有效的质量控制。

3. 完工计量

在整个施工阶段都应进行桩基施工调查。通常，测量数据必须从相应位置的测量值转换而来。当桩帽测量完成后，通常是小木桩，该桩主要用于标记桩位，这时有必要在桩位周围均匀地撒一圈白灰，以利于桩的施工。

（五）工程测量发展前景

借助多传感器集成系统，测量机器人将在人工智能领域进一步发展，应用范围将得到扩展，图形、图像和数据处理的应用能力将进一步增强。

开发用于转换观测数据处理和大规模工程建设的基础知识信息系统，进一步与地球物理、大地测量学、建筑工程、工程学和水文地质学等学科相融合，以应对工程建设过程中的各种挑战，如防灾、环境保护和安全监控。

工程测量的发展范围已从建筑工程测量和三维工业测量拓展到人体科学测量，如人体特定部位或器官的显微测量以及显微图像处理。

多传感器混合测量将实现广泛的应用和快速发展，如电子全站仪、GPS 接收器和测量机器人的集成，它们可以在没有控制网络的情况下在广阔的地区进行测量。

GIS 和 GPS 技术与工程项目紧密集成，在工程测量与设计和施工管理的集成中发挥着重要作用。

大型复杂结构、几何重构、设备三维测量和质量控制将是未来工程测量发展的重要特征。

综上所述，对各种问题的分析和处理，有助于提高桩基工程测量的效率和质量，实现丰富的测量结果的科学应用，使工程应用过程具有良好的结构性能。因此，在今后提高桩基工程施工水平和优化测量方法的过程中，应注意对存在的问题进行科学处理，进而发挥出工程测量的应用优势，实现对桩基础的高效利用。

三、桩基础工程质量事故处理

近年来，随着国民经济的持续增长和科学技术水平的不断提高，建筑业迅速发展，在建设速度和工程质量上都较以前有了较大的提高。但是，我们不得不承认仍然存在很多工程质量问题。特别是随着建筑用地资源日益紧张，许多高层建筑拔地而起，而高层建筑质量的好坏很大程度上取决于桩基础的质量，并且桩基础工程属于地下隐蔽工程，按照目前我国掌握的检测手段，在施工完毕后很难检测出工程质量问题。因此，在设计和施工过程中对桩基础工程可能出现的质量问题进行研究是十分必要的。

（一）各类桩基础工程施工中常见的质量问题及原因分析

1. 管桩

目前，国内普遍使用的管桩是预应力钢筋混凝土管桩，从整体来看，所用管桩的质量还是比较好的，至今未出现过重大的质量事故。但是，在施工过程中，受桩本身质量、场地地质条件、设计及业主管理等各种因素的影响，多次出现过管桩桩身破裂、倾斜、承载力偏低、沉降量过大等质量问题。

（1）管桩的工程质量问题

总体来说，管桩（见图 2-5）的工程质量问题包括以下几个方面：①桩位及桩身倾斜过大，超过规范要求；②桩身（包括桩尖和接头）破损断裂；③桩端达不到设计持力层；④单桩承载力达不到设计要求；⑤基坑开挖不当，引起大面积群桩倾斜；⑥桩身上浮等。

图 2-5　管桩

（2）原因分析

1）工程勘察阶段出现的问题主要包括以下几点：①勘察点太少。对于地质复杂多变的地区，勘察点要在规范基础上适当加密。有些建设单位为了节省勘察费用而减少必要的勘察点，结果导致打桩施工时的更大浪费甚至失败。②标贯次数少。遇到沙隔层、软弱下卧层、残积层及强风化岩层时要多做几次标贯试验，有利于配桩和打桩收锤。③勘察中弄虚作假。没经过勘察就得出报告，而设计人员根据这些报告确定管桩的持力层，必然出现错误。④提供的岩土力学指标不符合实际。勘察人员不专业，规范也没有详细规定。⑤标贯本身的缺陷。目前，我国的现场标贯试验几乎全是在水冲成孔法基础上进行的，但有些特种土层遇水后立即软化，现场测得的标贯击数比实际低许多，根据这样的标贯击数来判断管桩的可打性，有时会出现差错。

2）设计者不了解不宜应用预应力管桩的地质条件而设计应用预应力管桩。主要有以下四种地质条件不宜用预应力管桩：①孤石和障碍物多的地层；②有坚硬隔层；③石灰岩地区；④从松软突变到特别坚硬的地层。

2. 振动灌注桩

振动灌注桩（见图 2-6）主要包括机械振动灌注桩和锤击灌注高桩。其中，机械振动灌注桩因适用性较强、桩径选择灵活等优势而得到广泛应用。

（1）常见质量问题

1）振动灌注桩容易发生桩身缩颈。桩成型后，桩身的局部直径小于设计要求，这种现象多发于地下水位以下上层滞水层或饱和的黏性土中。

2）断桩。桩身局部分离或中间有一段无混凝土。

3）孔口土坍入桩孔顶。

4）由于地下有未知的枯井、溶洞、下水道等洞穴，混凝土用量过大。

（2）原因分析

1）地质勘察工作不到位，不能了解真实的地下岩层分布情况，未能探明地下洞穴的存在。

2）施工过程出现问题。套管打入后拔出速度太快，套管中的混凝土未流出，孔周围的土体回缩，引起断桩。此外，套管拔出速度过快还会引起由于混凝土强度过低而导致的桩身缩颈现象。

图 2-6　振动灌注桩

3. 钻孔灌注桩

钻孔灌注桩如图 2-7 所示。

（1）工程质量问题

1）孔底积存虚土超出标准；

2）成型孔的垂直度不符合要求。

图 2-7　钻孔灌注桩

（2）原因分析

1）成孔后未及时浇灌混凝土，孔壁长时间暴露，水分蒸发使土体脱落，或放钢筋笼时，将孔口、孔壁的土碰入孔内，混凝土浇灌前未清理。

2）人工挖孔桩主要适用于土质较好、地下水较少的黏土、亚黏土、含少量沙砾石的黏土层。土质原因或个人素质原因可能会引起成型孔的垂直度不符合规范要求。

（二）结合案例分析总结桩基础工程事故的处理办法

1. 案例分析

（1）案例一

某静压桩工程采用准 500-125A 管桩，单桩承载力特征值 $R = 2000$ kN。场区为石灰岩地区，岩面起伏不大，埋深 20～30 m。试压桩时，2/3 的管桩加压到 3600 kN 时桩身下部发生崩裂。

针对这一工程事故，专家给出四点建议：①降低单桩设计承载力，取 $R = 1600～1700$ kN；②终压力不要超过 3600 kN；③改准 500-125A 管桩为 AB 型桩，以提高桩身抗弯能力；④改十字形钢桩尖为工字钢多齿形桩尖，以增强桩尖的嵌岩能力。采纳了这些建议后，此工程得以顺利完成。

（2）案例二

某基础工程采用准 500-125 管桩，布桩是两排四根的 8 柱承台，桩最小间距为 1500 mm，地质情况是（从上到下）：2 m 的耕填土，5 m 的淤泥，以下是 N = 50～60 的强风化岩层，管桩顶部基本与地面平，桩尖入强风化岩 2 m 左右，桩长约 9 m。

该工程承台基础开挖时，用挖土机挖了 2 m 左右，管桩折断，断口在淤泥与强风化岩的交界处。业主说是管桩质量有问题。后经过计算，管桩厂的工程师认为是淤泥上部 2 m 土体推力引起软硬交界处的附加弯矩大于管桩极限弯矩所引起的。之后，将其他承台 8 根管桩用角钢连成一个整体，再进行挖土时，没有发现管桩桩身断裂的问题。

（3）案例三

某工程为四栋 15～19 层的高层住宅，布准 500-125 管桩 680 根，用 D62 柴油锤施打，桩入土深度大部分超过 30 m，入土最浅的为 25 m，最深的超过 40 m。该工地的地质条件属于"上软下硬、软硬突变"的不利于锤击法施工的地质条件，经验不足的打桩队很容易出现打桩质量问题。54 根桩的高应变检测结果显示，有 8 根为Ⅲ类桩，6 根为Ⅳ类桩，Ⅲ类、Ⅳ类桩占所测桩总数的 25.7%，为此各方提出了不同的处理方案。

省土木建筑学会专家组通过多方研究讨论提出建议：用高出单桩承载力 2 倍的荷载对每根单桩进行复压。压桩机随时待命，如有异常状况出现，立即进行补桩。对本工程来说，有两个阻碍复压计划实施的难点：①场地地面松软，600 t 重的压桩机进入场地后肯定会发生陷机；②送桩太深，复压时找顶头很困难。据统计，680 根桩桩顶突出地面的只有 14 根，仅占总桩数的 5%；送桩深度为 1～2 m 的有 237 根，占 35%；送桩深度为 2～4 m 的有 383 根，占 56%；送桩深度为 4 m 以上的有 26 根，占 4%。为此，在复压前采取了两项措施：①将整个地面去掉 2.5 m 左右的土，然后将高出地面的桩头截去。这样，送桩深度为 2～4 m 的桩，桩头容易找到；②在取土地面上回填 50～70 cm 厚的建筑垃圾（主要为拆房的碎砖），并按 10～12 m 间距在场地四周布设 8 m 深的降水井，降水后，地表土很快固结，600 t 重的压桩机行走就不会发生陷机。这样，复压和补桩工作不到一个月就完成了，最后，随机抽出 35 根复压桩做大应变检测，满足设计要求。

2. 事故处理方法总结

（1）设计补强

当出现问题需要设计补强时，要先搞清楚实际状况，哪里需要补，补多少合适，哪里不需要补，然后才能根据实际情况采取相应的措施补强。不能盲目地补，既费时又费力。

（2）单桩承载力方面

1）管桩的竖向承载力按现行规范公式计算普遍偏低。对于入土深度 40 m 以上的超长管桩，采用现行规范提供的设计参数，求得的承载力较高，但对于一些 10～20 m 的中短桩，在特殊地质条件下，特别是像广州开发区那样的地质，强风化岩层顶面埋深约 20 m，地面以下 16～17 m 都是淤泥质土，只有下部

2~3 m 才是硬塑土层，这种桩尖进入强风化岩 1~3 m 的管桩，按现行规范提供的设计参数计算，承载力偏小，有时计算值要比实际应用值小一半左右。

2）桩间距大小会影响管桩的设计质量。为了减少打桩时对邻近各桩的影响，在桩的布置过程中要遵循相关设计规范，满足最小中心距要求。当今，高层建筑的桩基础中广泛采用管桩群，有时一个大承台就用 200 余根管桩。如果此时的桩间距仍然按照规范规定设置为 3.5 d 或者 3.0 d，则会出现明显的土体上涌现象，不仅影响桩的承载力，还可能将薄弱的管桩接头拉脱。因此，对于高层建筑主楼的管桩基础，最小桩间距应为 4.0 d，有条件时采用 4.5 d，这样挤土现象可大大减少。

在桩基础施工中，存在各种各样可预见的和不可预见的问题。我们能做的是控制可以预见的问题不出现，随时准备应对不可预见的问题。在桩基础施工过程中，出现质量事故不要慌，要认真分析原因，多方面考虑总结，采取最佳的解决方案。

第三节 钢筋混凝土结构工程

一、钢筋混凝土结构工程施工

钢筋混凝土施工技术是目前建筑工程中最为常见的施工技术之一，这种施工技术的应用能够在较大程度上提高建筑的稳定性和整体质量，但是其施工流程具有一定的复杂性，在进行实际施工的过程中会由于建筑材料等各方面因素，对施工质量产生一定的影响，这就需要对此施工技术的要点进行分析和控制，以此来保证钢筋混凝土施工技术能够达到相应的效果。

（一）钢筋混凝土施工技术的主要特点

1. 复杂性

在建筑工程当中利用钢筋混凝土施工技术进行施工，其流程具有一定的复杂性，由于施工过程中影响施工质量的因素较多，因此需要对其中各个施工环节进行控制。一般情况下，体现在这样几个环节：钢筋的加工和安装、混凝土的搅拌、混凝土的浇筑、模板的制作安装和拆除、混凝土的养护等，并且在这样几个环节当中，还需要结合实际的建筑工程特点，对其材料的规格和质量进行把握。另外，在实际的施工过程中，可能会由于工作面位置的影响，导致施工的整体顺序发生一定的改变，这也体现了钢筋混凝土施工技术的复杂性。

2. 易损性

易损性主要是指在实际的钢筋混凝土结构施工中，由于各个方面因素的影响，产生相应的质量问题，一般情况下，这样的质量问题主要体现为混凝土表面的裂缝等，产生这种问题的主要原因在于混凝土原材料和混凝土的施工流程，在这些因素的影响下，钢筋混凝土结构会从不同方面表现出破损的现象，针对这样的情况，需要在实际的施工中对各种施工原材料进行把握，并且对施工现象的环境温度进行控制，以此来保证建筑施工的整体质量。

3. 异变性

异变性是指施工当中由于荷载过大，使建筑整体结构产生一定的弯曲和变形，这样的异变性主要体现在钢筋混凝土施工的模板施工当中。在这样的施工过程中，需要混凝土结构和临时性承载系统对施工产生的所有荷载进行承担。另外，也可能由于模板的整体承重能力没有达到混凝土浇筑的实际要求，从而导致模板施工出现一定的问题。在施工程度的变化和调整当中，由于作业面的不同，施工技术和施工材料的选择也会发生相应的变化，而相应的钢筋混凝土结构体系承载能力也会随着施工工序的变化而变化，从而导致钢筋混凝土结构的异变性。

4. 混凝土碳化

混凝土碳化主要指的是由于施工现场环境的影响，潮湿空气中的水和二氧化碳侵入混凝土内，与氢氧化钙起化学反应后，会生成碳酸钙和水。混凝土碳化不仅会引起混凝土收缩，使混凝土表面产生细微的裂缝，还会导致混凝土的碱度降低，减弱混凝土对钢筋的保护作用。

（二）建筑工程钢筋混凝土施工技术的实际应用

1. 钢筋绑扎施工技术

钢筋混凝土施工技术主要包括钢筋施工和混凝土施工，而钢筋绑扎施工技术则是钢筋施工当中的主要技术。在进行钢筋绑扎之前，需要对钢筋的整体质量进行严格检查，并且根据实际的施工设计和建筑工程的实际结构，对钢筋的规格进行合理选择，以此来提高钢筋施工的整体质量。在实际的钢筋绑扎过程中，需要注意以下几个方面的问题：首先，钢筋搭接长度末端与钢筋弯折处之间的距离应在钢筋直径的 10 倍以上，且接头不应落在构件的最大弯矩位置；其次，根据钢筋强度等级的不同，在受拉区域当中，弯钩处的钢筋选择和实际施工标准需要发生一定的变化；最后，受拉钢筋绑扎的长度和受力钢筋的混凝土保护厚度，需要与施工设计图保持一致，在对钢筋进行绑扎之前，需要根据施工设计图来对弹线位置进行确定，并且按照实际的绑扎要求进行施工操作，这样能够在一定程度上对施工质量进行控制。

2. 模板工程施工技术

模板工程施工技术是钢筋混凝土施工当中的主要技术之一，在这样的施工环节中，需要结合建筑的整体结构和实际的施工标准来完成模板的安装。在进行施工之前，需要设计人员和施工人员对配板进行设计，对其放样图进行规划，而施工人员则需要根据这样的施工图纸，对模板安装的位置进行确定。在进行模板安装之前，需要保证模板表面的整体平整程度，并且对模板的整体承重能力进行试验，保证模板的整体质量符合相应的混凝土施工要求，防止模板结构受到一定的影响。另外，在对模板进行实际安装的过程中，需要对模板之间的缝隙进行严格控制，在必要的情况下，可以在墙、柱等位置加设垫木和导模，以此来防止混凝土漏浆现象的出现。在模板就位的情况下，绑扎好的钢筋可能会对模板的表面造成一定的损伤，这就需要施工人员结合施工现场的实际情况，对模板进行固定。模板的拆除也是模板工程施工技术中的重要组成部分，在对模板进行拆除的过程中，需要根据混凝土的凝固程度来决定模板的拆除工作，这样一方面能够提高模板拆除工作的整体效率，另一方面能够保证模板工程结构的完整性。

3. 混凝土施工技术

在进行混凝土施工之前，需要施工人员对其质量进行严格检查，需要对生产厂家的出场合格证和品质试验报告进行检查，同时也需要对其进行相应的试验。在对混凝土进行摆放的过程中，需要根据其强度等级来进行区分，其中的各种原材料必须在经过检验合格之后才能使用，另外需要利用配合比试验对最佳配合比进行确定，应对各种沙石及原材料进行合理选择，并保证原材料质量，建立有效的混凝土防水体系，保证具有良好的性能。在实际的混凝土施工过程中，施工人员应根据建筑施工的实际情况来对浇筑顺序进行安排，并且结合水利工程的主体来对混凝土的浇筑方法进行确定，在实际浇筑的过程中，需要注意对其进行全面振捣，以此来保证混凝土的密实程度。混凝土的养护是混凝土施工中较为重要的一个环节，合理的养护技术能够防止混凝土中裂缝的出现，在对混凝土进行养护的过程中，需要根据施工时的条件和温度来进行，对于温差较大的施工环境，需要施工人员对天气情况进行及时掌握，并且根据实际情况采取相应的养护技术。

钢筋混凝土施工技术是目前建筑工程中最为常用的施工技术之一，在实际应用的过程中，具有复杂性、异变性和易损性的特征，结合这些特点，需要对钢筋混凝土的施工顺序进行严格控制，并且结合建筑的实际结构情况和施工设计图来进行施工操作。另外，为了进一步提升钢筋混凝土结构建筑工程施工技术的整体质量，需要对其中的各个环节进行控制，其中不仅需要施工人员对建筑材料的质量进行保证，而且需要对其中最为重要的混凝土施工环节进行把握，还要保证整体施工人员具有较高程度的专业素质，在这样的情况下，才能确保钢筋混凝土施工的整体质量。

二、钢筋混凝土结构工程的质量控制

众所周知，在建筑工程中，钢筋混凝土结构已经不再是一个前卫的话题，它的出现对建筑业来说无疑是一次划时代的革命，它的应用涉及人们生活的每个角落。尽管钢筋混凝土结构的出现只有一个半世纪，与石、砖、木、钢结构相比是相当年轻的，但是在这短短一个半世纪内，作为一种非常有用的建筑材料，在现代建筑的主体结构中，所占比重越来越大，在建筑的各个领域都取得了飞速的发展。大量的应用也带来了许多值得关注的问题，我们从如何进行质量控制入手，浅略说说施工中的钢筋混凝土结构工程。

从钢筋混凝土结构的力学性能和组成来说，钢筋混凝土结构的耐久性、耐火性、刚性和可模性好。由于钢筋混凝土结构是由混凝土和钢筋两种力学性能相差很大的材料所组成，混凝土具有和天然石料相同的特点，其抗压能力很强而抗拉能力很弱，而钢筋具有能抵抗各种作用而不会引起破坏的能力和不超过允许的变形能力，钢筋混凝土结构合理利用了两种不同受力性能材料，互相补充，共同工作。

在结构设计中，设计者要了解钢材的力学性能及性能指标，合理选择钢材以满足结构设计的基本要求。因为钢筋在受力过程中有4个阶段：弹性阶段、屈服阶段、强化阶段和颈缩阶段，要选择的钢筋强度、弹性、塑性、韧性必须符合要求，最大限度地做到安全可靠、经济合理。

在施工过程中还需特别注意的问题是钢筋的规格、数量，在混凝土中的位置、接头，混凝土的质量。在施工中推行全面质量管理和质量体系标准，认真落实逐级负责制，做到各尽其职。质量控制实行自控、互控、他控的"三控"体系，要对施工的全过程进行质量控制，尤其对施工过程的关键环节进行质量控制。下面从部分环节中简要进行了解。

（一）钢筋工程施工中的质量控制

材料的质量和性能是直接影响工程质量的主要因素，钢筋出厂时应有出厂合格证及试验报告单，运至工地应按规格、品种分别堆放，并按规定进行钢筋的机械试验。当怀疑钢筋质量时除了做钢筋机械试验，还要做化学成分分析，且对外观进行检查，结果合格后才能使用。钢筋在混凝土中的黏结锚固作用来源于化学胶着力（在混凝土凝结过程中，水泥胶体与钢筋之间会产生吸附胶着作用、摩擦力、机械咬合力、机械锚固力）。钢筋的加工应在现场钢筋加工棚内制作，制作好的钢筋应堆放整齐，并挂牌标识。

1. 对钢筋在混凝土中的位置进行提前控制

施工过程中普遍存在不认真做垫块或用石子做垫块的通病，板和梁底的保护层用片状石子代替水泥砂浆垫块。各构件各部位应做带有铅丝的1:2水泥砂浆预制垫块并绑在钢筋上，用于确保混凝土保护层。而重要结构如现浇阴阳台、挑檐、雨篷等，禁止在绑扎钢筋时和浇注混凝土时钢筋被踩踏位置下移，或者没有把钢筋提到应有的高度，结构承受负弯矩的能力减弱，致使沿负弯矩最大处产生裂缝，甚至折断，规范的混凝土保护层，可以保证钢筋与其周围混凝土共同工作，并使钢筋充分发挥计算所需的强度。墙、柱的插筋留置不当，在墙、柱弹线支模时，问题就会暴露出来，甚至钢筋偏移到模板以外，就会造成严重的质量缺陷，因此必须用木框或埋设牢固的十字轴线点控制插筋，施工时在井桩的两个方向刻有十字线或小木桩上钉有小钉，插筋时把拉线对准十字线，用这种方法来预控插筋位置、方向、垂直度。底层墙柱钢筋伸出上层楼面，往往会发生钢筋位置偏移，最有效的途径是把柱箍筋和横筋多绑几道，浇注混凝土时，应按轴线检查钢筋位置，进行必要的纠正和固定。

2. 严格控制钢筋接头的位置和质量

钢筋的接头：一是绑扎接头，但既浪费钢筋，又不易保证质量。施工时必须按规范规定，保证搭接长度和绑扎质量，光圆钢筋必须按规范在端头进行弯钩。

二是焊接接头，如对焊、电弧焊、电渣压力焊、气压焊等。焊接不仅质量好，而且可以节省钢筋，降低成本。但是焊接接头的质量控制较复杂，施焊人员的上岗证件、技术水平，焊机的功率和完好程度，施焊的技术参数的掌握，电弧焊的焊条型号、规格都必须满足有关规范规定。三是锥螺纹、直螺纹套筒连接方法，具有接头可靠、操作简单、不用电源、全天候施工、对中性好、施工进度快等优点，因此，施工中宜优先采用套筒连接方法。

（二）混凝土工程在钢筋混凝土结构工程中的重要性

在钢筋混凝土结构中，混凝土和钢筋同等重要，混凝土不仅与钢筋同时受力，而且保护钢筋不腐蚀生锈，因此钢筋混凝土的耐久性在很大程度上取决于混凝土的耐久性。混凝土是以胶凝材料、水、细骨料、粗骨料、需要时掺入外加剂和矿物混合材料，按适当比例配合经过均匀拌制、密实成型及养护而成的人工石材。

首先，从材料的质量进行控制。混凝土的强度受组成混凝土基本材料的性能影响，如水泥、骨料的品种、级配、配合比等，同时还受制作方法、养护环境的温度和湿度影响。混凝土的受压破坏是内部微裂缝扩展的结果，因此应对混凝土的横向变形给予约束，使内部微裂缝不能自由发展，箍筋就能起到这样的作用。

水泥的质量是保证混凝土质量的前提，水泥是一种无机粉状水硬性胶凝材料，加水搅拌后成塑性浆体，能在空气和水中硬化，并能把沙石等材料牢固地胶结在一起，具有一定的强度。水泥的安定性是保证混凝土质量的关键，水泥进场后，在取得产品合格证的同时，还必须进行复试，复试合格后方可使用。沙石应进行颗粒级配、含泥量检验，配制混凝土时宜优先选用Ⅱ区沙，石子要用连续粒级，大于等于 C30 混凝土时，砂的含泥量不大于 3%，砂的坚固性重量损失率应小于 10%，石子含泥量不大于1%，石坚固性的重量损失率应小于 12%。为了合理利用资源和保护环境，在混凝土配合比中可以掺入水泥用量 5%~20% 的矿物质来降低水泥用量，以改善混凝土和易性、降低水化热等。禁止石子粒径偏大，以及风化石、软石、片状石较多的材料进入施工现场。为了保证现场混凝土准确含水量，应按现场沙、石的实际含水量进行调整。试验资料表明，水灰比每增加 0.05，混凝土强度要降低 10 MPa，搅拌时间过短，则混凝土不均匀，标号及和易性降低，但搅拌时间不得超过规定时间的 3 倍。在运输过程中，应保持混凝土的均匀性，不产生严重的离析现象。

同时，施工过程中对混凝土的质量也要严格控制。对重要结构采用商品混凝土浇注，泵送混凝土前应先泵送水，清洗管道，再用 1:1 水泥砂浆润滑管壁，泵送开始后，应保持泵送连续工作，混凝土泵的受料斗内的混凝土应保持充满状态，以免吸入空气形成堵管，在运输中应防止剧烈颠簸，浇注时混凝土自由下落高度不宜超过 2 m，否则应用吊桶、斜槽等下料，防止混凝土产生离析现象。

应严格按配合比及混凝土工程规范要求及操作工艺标准组织施工，严格按图纸规定的强度等级提前做好原材料的选定，并抽样送实验室选配合比。混凝土配合比，必须根据原材料的条件，经过实验室科学的设计试配，提出最佳配合比，在搅拌混凝土时，后台计量一定要准确，水泥、沙、石也都必须每盘过磅。梁柱节点钢筋密集处浇注混凝土时应加强振捣，确保密实。柱子混凝土浇注时严禁使用吊斗直接入模，应采用专用串筒，严格控制上标高，以免超高。

施工缝宜留置在结构受剪力较小且便于施工的部位，在施工缝处继续浇注混凝土时，应先清除凿掉混凝土表面析出的物质及松动的石子，浇水冲洗，以保证接缝处混凝土密实平整，再铺一层与混凝土砂浆成分相同的砂浆，然后再浇注新混凝土。

混凝土试块是表明混凝土强度是否达到质量标准的证明。在取样时一定要严格按照见证取样制度，取样方法、留置组数、养护等都必须严格遵守规范规定。做好混凝土养护工作，这个问题关系到混凝土的强度，浇注后的早期是混凝土硬化发展较快且最为关键的时期，混凝土如在炎热天气下浇注，不及时洒水养护，会使混凝土中的水分蒸发过快，出现脱水现象，使已形成凝胶状态的水泥颗粒不能充分水化，不能转化为稳定的结晶而失去黏结力，混凝土表面出现片状或粉状脱落，还会因收缩变形而出现干缩裂缝，降低了混凝土的强度，影响混凝土的整体性和耐久性，自然养护通常在混凝土浇注完毕后 12 小时内开始（或在混凝土终凝后），在混凝土的裸露表面应覆盖吸水能力强的材料（麻袋、草席等），初期用喷壶洒水，2 天之后用胶管浇水，洒水次数应以保证覆盖物经常保持湿润为度。墙面及楼盖下面等部位难以覆盖处，应增加浇水次数，竖向构件采用塑料薄膜养护。加强养护、减少水灰比、加强振捣是减少混凝土徐变收缩较有效的措施。

质量保证资料应准确完整，钢筋、水泥的产品合格证及复试报告，沙、石材料的试验报告，混凝土配合比设计报告，混凝土标养试块抗压的强度报告，都必须完整无缺，记录清晰准确，符合有关规定。

（三）从模板工程入手，对钢筋混凝土结构进行质量控制

钢筋混凝土工程中模板工程的造价约占其总造价的 30%，总用工量的 50%，在施工中采用竹胶合板、木肋定型柱模板和梁板模板，根据工程特点进行模板设计，以保证其具有足够的强度、刚度和稳定性，保证截面几何尺寸和接缝严密，提高模板周转量，加快施工进度，其中钢模板具有重量轻、板幅大、模板吸附力小、保温性能好的特点。

1. 从模板的安装着手

模板作为混凝土成型的依据，施工中必须保证结构成型准确，模板、各种支撑、顶撑及固定件应符合要求。为了预控好混凝土的几何尺寸、外观质量及强度，支模的质量非常关键，支模应按照图纸的断面尺寸，确保顺直、牢固、准确，以防止浇注过程中发生跑模现象。

模板的清理及施工部位的清理，要求模板表面不能沾有干硬水泥砂浆等杂物，在清理完毕后，在模板上刷上水性隔离剂。放线时使用通线拉通纵横轴线，弹出十字线和模板安装线。安装就位，按照施工工艺，固定找正模板，全面检查复核轴线、标高、各部位尺寸，检查模板及支撑是否牢固、严密，使其符合规范规定。在浇注混凝土的同时，设专人随时检查模板及钢筋，确保其就位准确。

考虑到柱子截面较大，用间距 400 mm 井字管箍加固模板，以保证柱子模板的牢固，柱模板就位前需将柱根基层清理干净。现浇板底板模板采用竹胶合板，铺设下垫 100 mm ×50 mm 方木，间隔 300 mm，每块板及与板梁钢模连接处的空隙用 3 cm 胶带纸贴缝。用此模板施工的混凝土结构表面光洁、平整、美观，可取消原设计的抹灰工程。

2. 从模板的拆除来看

侧模在拆除时，应在混凝土强度能保证其表面及棱角不因拆除而受损坏时，方可拆除。底模待混凝土强度达到 75% 后，开始拆除模板，当悬臂构件的混凝土强度达到设计强度的 100% 后，才能拆除底模。拆模时注意不要损伤混凝土，禁止乱撬、乱凿，拆除的模板及时清理混凝土的夹渣，涂好隔离剂，按规格堆放整齐，以便重复使用。

通过上述不难看到，要保证钢筋混凝土结构的质量，全面的预先控制和有效的过程控制都是非常重要的。只有全面地从钢筋、混凝土、模板等各个环节进行控制，工程的质量才有保证，一个优良的作品才能呈现在我们的面前。

第四节 防水工程

一、建筑防水工程中常见材料及施工技术

自改革开放以来，中国建筑领域高速发展，在现代先进科技技术的支持下，出现了各种优良的建筑材料和先进的施工技术，让人们的生活质量水平不断提升。就现在建筑行业的防水工程来说，在人们的生活中已经必不可少了，防水质量水平直接关系着建筑的使用质量和使用年限。不重视防水工作，就会因为雨水和地下水的侵蚀给住户带来很多困扰。因此为了让住户正常生活，保证建筑物的质量，我们应该严格把控建筑领域的防水材料，在建筑领域的建筑标准和国家有关政策规划下严格进行防水工程工作。随着人们的探索，科学技术不断进步，建筑领域防水材料也在不断创新，给建筑领域增加了很多新型良好的防水材料，提升了建筑行业的建筑质量，给人们以安心和保障。

（一）建筑防水工程中常见的防水材料

建筑领域有关防水材料的使用让建筑物不再出现雨水或者是其他流性物质渗漏，让人们可以安心使用，极大地提高了建筑工程的质量。根据不同情况选择合适的建筑材料既可以符合建筑标准，又能有效地控制建筑成本，让资源的利用率实现最大化。对于建筑防水工程中防水材料的选择和使用一般都是根据材料的特性和使用条件决定的，一般来说，我们主要把常见防水材料分为以下三种。

1. 刚性防水材料

在建筑领域中我们时常见到混凝土的身影，它不仅有坚硬的强度来支持建筑工程的质量，更能够有效保护住宅建筑在使用过程中不受到雨水或者是地下水的腐蚀。混凝土在建筑行业的使用更是广泛，作为一种常见的建筑材料满足建筑要求，保障了住宅建筑的质量。刚性防水材料一般都是依靠自身材料的紧密性来起到防水效果，因此在刚性防水材料的使用过程中应该注意下面几点。

第一，刚性防水材料的施工条件。在防水工程实施以前我们要根据施工现场的真实情况进行研究，对于可能发生的情况进行排查处理，做好安全准备工作。另外，要检查防水处理工作的各项细节是不是考虑周全，防止有个别情况的遗漏。

第二，刚性防水材料的要求。对于刚性防水材料，我们要严格按照国家标准进行检验，对于质量较差威胁到建筑防水工程质量的进行排除，要确保使用的刚性防水材料质量合格。如此才可以保证建筑防水工程的防水性能，保证人们的正常生活。

2. 卷材防水材料

卷材防水材料一般都是在纸张或者纤维制品等上面涂抹一些防水物质，可以在建筑防水工程中做到弯曲适应各种防水情况。在卷材防水材料中比较常见的是沥青防水卷材，因为它的防水特性优良，常常用于建筑防水工程中。不过因为这种防水材料的原料使用寿命限制和防火性能比较差，我们也在现代科技的支持下尽可能优化这种防水材料，并且在建筑防水工程的使用中也会做好充足的准备工作，以提升它的使用效果。首先，这种防水材料的储存要尽可能做好防火准备，因为它的防火性能比较差；其次，在使用过程中，在铺设时一定要注意材料表面的洁净程度，防止灰尘或者细小颗粒造成防水性能的降低。

3. 合成高分子材料

现代科技的进步让更多的物质丰富着我们的生活，而我们更是发现了性能更好的合成高分子材料来让建筑质量更上一层楼。与传统防水材料相比，合成高分子材料主要以合成树脂等形成膜状材料为

主，使用方便并且形状样式新奇，更加受到人们的青睐。这种防水材料因为重量比较轻以及使用寿命比较长等优点被广泛使用在建筑防水工程中，又因为成本低和具有防水性能等众多优点在住宅建筑防水工程中频繁使用，并且获得的回报也非常丰厚，经受住了时间和实践的考验。

（二）建筑防水工程中的施工技术——屋面防水技术

1. 分格缝的位置和处理

在建筑防水工程中使用分格缝是为了减少裂缝的产生，让建筑更加安全、可靠、实用。一般情况下，分格缝都是出现在布置屋面板的支撑部位与屋面转折位置以及防水层和突出屋面的连接位置。因为建筑地理位置、气候影响、土壤酸碱程度的不同，裂缝出现的概率也不同。建筑有了裂缝，人们的安全就会受到威胁，为了人们的生活安全，分格缝一般都要贯穿整个防水层，这样效果更好。

2. 屋面找平层处理

在建筑防水工程中，屋面一般都是利用建筑找坡和结构找坡共同使用的处理办法。先按照一定比例的结构找坡以后，再在结构层上用比例合适的水泥渣或者水泥膨胀砼石找坡，之后利用 25 mm 深度的一定比例水泥砂浆去找寻平层。在建筑防水工程中找坡的时候应该准确找到泛水的坡度以及流水趋向，在最高点和放水口之间利用直线进行施工，放水口的深度不应该小于 30 mm。在浇筑建造过程中应利用多种办法进行打造，确保其结实耐用。

3. 屋面隔离层的做法

在住宅建筑防水工程中，一个重点就是关于屋面隔离层的处理。因为各地气候温差的不同，各地的湿度也是不一样的，根据这些实际情况考虑屋面隔离层的处理可以起到更好的防水效果。其中，屋面隔离层一般都是在防水层设置平层和刚性层，这样既有隔离效果，又不会暴露在空气中遭受风吹雨打和阳光暴晒，还可以有很好的防水效果，避免油膏老化引起质量问题。

在建筑防水工程中，卷材防水材料做防水层的时候应该重视以下几个方面：第一，在基层上进行基层处理剂的涂抹刮匀，都是在晾干以后以不粘手为标准才可以进行卷材防水材料的铺设。第二，卷材防水材料的铺设通常情况下都是从最低处慢慢向上进行铺设，让卷材防水材料的使用符合流水的方向，便于流水排放。第三，有关卷材防水材料的铺设，应在保证基层面干净的基础上，将隔离层慢慢和基层面重合在一起，将卷材粘贴于基层表面，卷材一般都要处于自然状态，不应该运用人力过于干扰拉伸。卷材铺设完成以后应该当即使用机器进行压实处理，让卷材铺设更加牢固。

中国有了如今的新面貌离不开建筑行业的发展进步，建筑给中国大地带来新的风景。从以前的茅屋两三间到如今的高楼成林，建筑行业的高速发展也带动经济的流动，给更多的人带来机会。新的时代给建筑防水工程带来新的可能，新防水材料的使用和施工技术的应用让建筑物更加符合现代发展要求。我们要保证建筑物的安全和质量来给人民安全、幸福生活，要根据国家和社会的发展进步，以及人民物质生活的丰富去改善创新建筑防水工程，利用技术的更新来让建筑防水工程更加安全可靠。

二、建筑防水工程工艺要求与质量控制

随着经济的不断发展，人们的生活质量也在不断提升，建筑行业也在这一经济形势下获得了新的发展动力，但同时人们对建筑质量的要求也随之增多。作为建筑工程中的重点工程类型，防水工程的重要性毋庸置疑。若防水工程不完善，在给人们的日常生活带来诸多不便的同时，还有可能会产生较多的安全隐患，甚至影响建筑结构的长期使用稳定性。需要对建筑防水工程应遵循的工艺要求进行深入分析，并采取合适方式对其实施质量控制，以促进建筑整体质量的提升。

（一）建筑防水工程施工问题的严重性

1. 建筑使用寿命缩减

防水工程作为建筑建设过程中的重要工程类型，对其进行完善的施工质量控制极为重要。合理的防水工程能够最大限度地降低雨水渗漏现象的发生，因此若不重视建筑防水工程的整体施工质量，无论是人员安排不合理还是防水材料选择不当，都将会增加渗漏风险，继而导致建筑的使用寿命缩减。

2. 决定建筑的质量与安全

由于当前的绝大部分建筑依旧以人工建设为主，尤其是防水工程，更是与施工人员的技能水平有着密切联系。一旦防水工程施工过程中出现人员失误，在后续的使用过程中，建筑将极有可能出现结构渗漏现象，影响建筑的使用稳定性。在整体结构建设不完全的情况下，建筑的使用安全也将会受到影响。

3. 影响人们的居住安全

经济的发展使人们对于建筑防水工程的质量要求也随之提升，因此，对建筑防水工程来说，在施工过程中必须保证选择材料的质量，从而避免出现房屋漏水等不良现象。对建筑来说，防水工程的实施决定着建筑的使用年限，甚至影响着人们正常的居住生活。在这一过程中若出现工程施工失误，导致房屋出现长期严重漏水的情况，不仅建筑物的使用寿命会缩短，人们的居住安全也将会受到影响，继而带来巨大的经济损失，因此，提高对建筑防水工程质量问题的重视程度极为关键。

（二）建筑防水工程施工过程中质量控制的几个常见问题

第一，部分建筑施工单位在推进建筑防水工程建设时，没有考虑到材料对建筑物功能的具体要求，如使用性能、功能以及结构特点等。以防水屋为例，部分建筑施工单位在执行防水工程建设任务时，通常会忽略这一部分的构建。

第二，地基下降现象表现较为明显。地基下降现象不仅会导致房屋产生震动，同时还会使房屋内部产生剧烈的温度波动。再加上材料选择不当，严重的升温与降温过程将会导致出现热胀冷缩现象，继而改变房屋内部结构，这也是经常出现墙面开裂的主要原因，最终影响到房屋防水工程的应用效果。

第三，构建刚性防水层时，没有注意设置与保护层之间的隔离层，又或是太过于强调刚性防水层与保护层之间的黏性表现，这也是使刚性防水层受到破坏的主要原因。

（三）需要在建筑防水工程施工前进行的一些准备工作

1. 基层处理

作为建筑防水工程的重要基础，防水层的质量决定了防水工程的整体功能效果。对防水层来说，由于基层是其组成基础，需要特别关注结构基层的构建。需要注意基层表面经常会出现起皮或者表面有小颗粒存在的现象，甚至由于温度控制不当，而导致基层在长期使用过程中逐渐开裂，应及时采取相应措施。要特别注意的是，在将基层与墙面进行连接时，应将基层形状确定为圆弧形。

2. 防水材料的选择

防水材料种类较多，根据建筑的不同要求，对应着不同的品种与价格，在选择防水材料时，应优先选择质量好的材料类型。若防水材料选择不当，建筑防水工程施工将会失去其应用意义。选择防水材料时，还应以国家对建筑防水工程的相关要求为依据，严格把控材料应用关卡。

3. 防水工程技术交底

正式施工前需要向施工人员全面介绍防水工程的建设流程，提前做好安全防护，从而将施工风险降到最低。防水工程施工过程中需要应用到的工艺与施工流程，均需要由技术人员对施工人员进行指导，保证操作的规范性。为了进一步提高施工质量，需要对施工人员进行所应用新式工艺技术的培训，以保证防水工程施工的顺利性。

（四）防水工程施工条件

1. 环境因素

建筑的多数防水工程都需要在露天条件下完成，因此，施工场地周围的环境条件对防水工程的顺利推进有着极为重要的影响。若是在施工过程中出现雨雪天气，5 ℃以下的低温或 35 ℃以上的高温天气，均会影响防水材料的实际应用效果，整体施工质量也将会严重下降。因此，强调环境因素的重要性，对防水工程的实际施工过程来说，有着极为重要的现实意义。

2. 施工交叉

找平层、隔气层以及保护层，多层次的互相交叉是防水层施工时需要重点关注的施工内容，不同层次的施工质量将会影响到防水层的实际构建效果。因此，在执行交叉施工任务时，需要在确保防水层施工质量的基础上，严格把控施工环节，以保障最终的施工质量符合预先设定的质量要求。

（五）不同种类防水工程的施工工艺以及施工要点

1. 屋面防水

通常情况下，屋面防水选择的施工方式均为卷材防水，常见的几种卷材类型包括沥青防水卷材、合成高分子防水卷材，以及高聚物改性沥青防水卷材等。首先对需要进行防水工程施工的位置的基层进行清理，将基层修整完毕后，需要对基层喷涂合适的基层处理剂，做好强化节点附加、定位以及弹线等工作后，即可开始铺贴卷材。铺贴完成后，需要对其进行收头处理，检查无误后，对表面进行二次修整，从而完成保护层施工。

选择铺贴的方法以现场施工实际情况以及对建筑防水工程的具体要求为依据。若屋面坡度在 3°以下，铺贴卷材时应平行于屋脊；公共面坡度为 3°~5°，铺设卷材时，既可以平行于屋脊，也可以选择垂直于屋脊；若是屋面坡度在 15°以上，应选取垂直于屋脊的方式进行铺贴；若屋面坡度在 25°以上，那么在设置防水层时尽量不选取卷材作为防水工程材料。

2. 地下防水

第一，应在建筑物的底部设置盲沟，将减压作为主要的排水方式；第二，设置合适的防水混凝土结构，从而达到防水效果；第三，选择刚性水泥抹面的方式；第四，铺贴卷材；第五，涂膜；第六，通过在其表面焊接金属层作为防水方式；第七，岩石底层注浆。

3. 外墙防水

外墙防水的关键是外墙填充。要想保证填充质量，就需要重点关注外墙顶部的斜砌部分，观察砂浆填充是否有沉降现象。若外墙顶部斜砌工序为一次性完成，那么墙身沉降现象的风险将会增大，这也是经常出现外墙缝隙的主要原因，继而导致房屋漏水。因此，在执行外墙顶部斜砌任务时，应在确认墙体是否发生沉降后再展开后续的施工活动；配制的外墙粉刷砂浆，也需要严格遵循施工规范，保证砂浆的压实度与紧实度。墙壁粉刷完成后，需要对外墙的光滑度与紧密度进行核验；对钢筋混凝土外墙来说，要想保证防水工作质量，不仅需要强调混凝土的紧实度，也需要对拉螺杆孔进行深度处理。若有堵塞拉螺杆孔的需要，则可以选择具有遇水膨胀特性的止水条。但为了最大限度地降低成本，也可以选择合适大小的木块。施工完毕后，需要将拉螺杆取出，并将封堵其两端的木块去掉。但这样一来在墙壁上就会出现小坑，在对其进行粉刷时，需要特别注意小坑位置，增加粉刷厚度。

（六）防水工程施工质量控制措施

对于屋面板的结构设计，板厚是影响其在防水工程中起到应用效果的主要因素，为了防止板在一端出现塑性胶，可以选择在混凝土中掺杂适当比例的微膨胀剂，用于最大限度地缩减间距。屋面大角处与平面高度变化处，需要配置适当的附加筋，用于提升抵抗由于外界因素所带来的混凝土收缩，或是由于温度剧烈变化而产生表面裂缝的能力。选择合适的原材料与恰当的融合比例，是对防水工程施工的基本要求，以混凝土为例，水灰比例不能过大；施工过程中需要尽量少地设置施工缝隙，找平层与施工保温层之间需要对结构层的蓄水情况进行核验，蓄水的高度应在 10 mm 以上，持续时间一般需要大于 24 h。

作为防水工程的设计人员，需要充分掌握防水技术，以及所应用的防水材料性能，包括对屋面防水的具体要求，应以工程的施工性质与需要保证的耐用年限为依据，确定屋面的防水等级。设置防水等级时需要考虑到诸多因素，如地区的自然条件以及各类建筑设施的摆放位置情况等。在具体的工程设计图纸中，需要特别标明仓缝位置，以及水泥砂浆或细石混凝土的找平层，分仓缝的间距应在 6 mm 以下。容易开裂的位置，需要预留分仓缝，将其宽度控制在 20~30 mm；在进行嵌缝时，要选择中档或中档以上的密封材料，并注意强化养护过程，以保证防水工程的使用寿命。

若有建筑面防水涂膜的应用需要，防水涂膜的厚度应在 5 mm 以上，若应用合成高分子防水涂膜，厚度应大于 2 mm。保护层的位置应设置于防水屋面的表面，通常选择水泥砂浆或者块材作为保护层的构建材料，并需要注意设置胎膜与保护层之间的隔离层。一般来说，设置的砂浆保护层的厚度应在 15 mm 以上，并在极容易出现结构开裂的部分额外设置 1~2 层的附加层。

综上所述，在经济不断发展的当下，人们的生活质量也在不断提升，为了满足人们的居住需求，建筑数量也在不断增加，使人们对建筑防水工程施工质量有了更高的要求。作为建筑工程中的重要组成部分，建筑防水工程的重要性毋庸置疑，其质量甚至决定了建筑的使用寿命。近年来，人们逐渐意识到了防水工程的重要性，各类新型材料与技术均逐渐应用在了建筑防水工程中，为创设美好的生活环境奠定了坚实基础。

三、防水工程项目管理

（一）防水工程项目管理的特点

（1）目前防水工程一般比较小，真正能成为施工项目的相对来说还比较少，大部分防水公司难得有机会接触到真正意义上的项目管理。从另一个角度来说，正因为如此，大多数防水公司缺乏项目管理实战经验，项目管理的水平难以得到提高。而对于小型的防水工程，因为利润微薄，技术上比较简单，一般的防水公司不愿花费精力和资金来进行项目管理。

（2）防水工程的重要性众所周知，其复杂性却并不被大多数人所了解。从材料的选择、设计方案的提出、操作工艺的组合、细部做法的确定、各工种施工顺序的衔接以及成品保护方案的制订和实施等，都有其独特的要求，非专业人士一般对此并不了解。也正因为如此，单纯依靠总承包方的管理，往往并不能切实保证防水工程万无一失。因此，为了真正做到滴水不漏，对防水工程进行独立的项目管理是很有必要的。

（3）由于防水工程需要较强的专业知识，目前一般的建筑设计人员和业主、监理人员均难以充分掌握，因此，只有由专业防水公司提供防水工程的二次设计，才能切合现场实际情况。事实上，由防水公司进行防水方案的二次设计，能够促使防水公司针对工程实际情况，结合自己的经验和技术水平，提出最适合本工程和本公司的施工方案，在这样的基础上，确保工程质量真正落到实处。

（4）市场上的防水施工队不少是挂靠在正规防水公司或正规建筑工程公司名下的，这些"游击队"大多数素质较差，在工程中只顾赚钱，既没有意识也没有能力搞好项目管理。它们一般存在以下问题。

1）投标报价时对图纸的审核及对标书工作量的审核不仔细，一旦图纸有错或标书工作量有误，只能是"哑巴吃黄连"。

2）遇到业主、承包商不了解防水工程特点而瞎指挥时，没有足够的说服能力，只能被迫服从错误的决定，没有努力保护自己的意识。

3）风险意识差，只求接单，不计后果。遇到困难或工程质量问题时，只想到靠关系解决，而没有在平时工作中注意收集资料，总结经验教训，提高技术水平。

4）它们所挂靠的正规防水公司或正规建筑工程公司，只顾收取管理费，对挂靠人不提供任何技术和财务方面的支援，更不对项目进行管理。

（二）防水工程项目管理的对策

针对防水工程项目管理的特点，寻找其难点作为突破口，找到相应对策，以期提高防水工程项目管理的水平。

（1）工程管理人员应大力宣传防水工程的重要性，并促使人们将认识转化为实际行动，使防水的观念深入人心。

（2）有志做大的防水公司，应该摒弃"游击队"做法，广纳贤才，提高自身的素质和技术水平。最好的方法就是，将所有的工程，不论大小，都参照项目管理的原则来进行施工管理，在工作中边学习边提高。目前，最紧迫的任务是：提高投标报价的质量，将隐含的危险（图纸错误、标书工程量错误、不平等条件等）减到最小；提高风险防范能力，做好风险预测、风险分析等工作，将可能造成的损失减到最小；提高自身技术和管理水平，工程施工中注意收集保全文件、图片、图纸资料，及时总结经验教训。

（3）对于不符合实际的防水设计，应大胆提出书面修改建议，充分发挥专业技术优势，说服业主、承包商采纳。

由于目前防水行业发展迅速，新材料、新工艺层出不穷，一般人未必能很快跟上发展的步伐。因此，专业防水公司应该充分利用自身的技术优势，主动为业主、设计方、承包商提供防水技术服务，甚至为防水工程提供从设计、施工到维修、保养的一条龙承包服务。另外，业主和承包商也应该转变认识，真正从工程质量上着眼，而不是只顾价格因素，减少恶性竞争。这样，最后受益的不仅是防水公司，还有包括业主、用户在内的所有方面。

四、房屋建筑工程平屋面防水施工案例

某房地产企业住宅楼建筑项目在地上的建筑高度达 65.4 m，有 21 个楼层。在完成建筑物的主体结构后，需要将防水施工用在住宅楼的平屋面，总施工面积达 1450 m²。

（一）材料准备

（1）所有的施工材料必须通过严格的性能检测，保证其与施工需求和相关标准符合，且应具备出厂合格证书。

（2）应严格依照相关的材料验收规范标准来验收进场后的材料，并进行抽样复查工作。

（二）钢筋混凝土屋面板施工

（1）在平屋面混凝土浇筑过程中进行密实的振捣以及浇筑作业，同时做好后期的混凝土养护工作，避免裂缝以及阳光暴晒等问题，以免对混凝土的结构抗渗性能产生影响。

（2）在屋面门洞口、烟道以及女儿墙根部等部位进行混凝土反坎浇筑施工，确保反坎的高度超出屋面完成面至少 10 cm、超过屋面结构面至少 30 cm。浇筑平屋面的混凝土以及防水反坎浇筑施工应尽量同时进行，如图 2-8 所示。

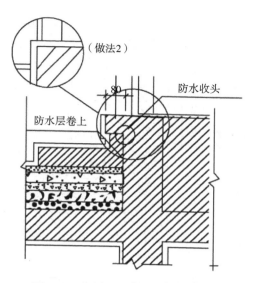

图 2-8　屋面门洞口反坎示意图

（三）结构修补

（1）全面清扫基层表面，避免异物或杂物出现在其中，剔凿混凝土的接茬位置以确保露出石子。

（2）在安装平屋面的水落口以及烟道等相关出屋面管道时，应注意采用相关技术以封堵孔洞。

（四）找坡层、找平层施工

（1）在施工现场划定控制线，对平屋面不同区域的坡度方向进行有效确定后再开始施工作业。

（2）针对烟道、出屋面管道以及女儿墙根部等部分细部结构，应使用水泥砂浆来找平处理其与屋面交接的阴角处。

（3）确保找平层表面平整、洁净且无开裂以及起砂现象，与此同时，基层表面的含水率应小于9%，且必须是干燥的。

（五）防水层施工

（1）铺贴防水附加层：应在平屋面增加防水附加层，铺贴在烟风道、出屋面管道以及女儿墙根部等阴角部位，在铺贴时应从阴角出发，水平且向上延伸的距离应小于 25 cm，使用金属箍紧固管道上的防水层收头，并使用密封材料对防水附加层进行封严操作。

（2）防水卷材铺贴：在铺贴完细部构造的防水附加层后，再对卷材防水层进行大面积的铺贴，在铺贴防水卷材时应与相关标准规范中的规定相符，确保损伤、褶皱、翘边以及空鼓现象不出现在施工后的防水卷材中。

（六）细部构造防水施工要点

（1）平屋面的烟风道施工：现浇混凝土结构应使用在平屋面的烟风道中，并同时浇筑主体混凝土，将 Φ6@100 双向钢筋网片配置在其内部，确保壁厚不大于 0.1 m，风道道壁顶部向外坡度不大于2%，并将 1:2 的水泥砂浆抹在烟风道道壁防水层外，确保其高度超过屋面 50 mm。

（2）女儿墙防水施工：将防水施工用在女儿墙部位后再进行保温施工，如图 2-9 所示。防水层必须在保温层上方，且可以将混凝土设置女儿墙处进行托顶，以确保防水施工的效果。另外，可以将 30 mm×50 mm 的防水收口凹槽设置在女儿墙位置的防水卷材收头施工过程中。

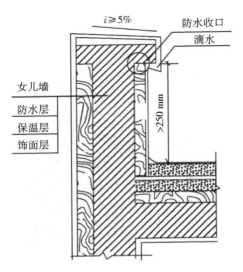

图 2-9　屋面女儿墙防水示意图

在建筑工程中，屋面漏水问题较常见。本节对建筑工程屋面防水技术进行探讨，相关施工人员应严格按照规范将防水卷材应用在施工中，且定期的维修保养以及质量检测是后期需要关注的重点，通过严格把控施工的所有环节来有效提升屋面防水工程性能。

第五节　装饰工程

一、装饰工程施工

（一）装饰工程施工的特点

1. 施工人员众多

对建筑装饰工程来说，其施工人员相对较多。因为分工较细，要保证装饰装修能按时完成，所以不同工种需要不同的施工人员来进行施工。经常可以看到建筑施工人员与装饰施工人员同时进行工作，因此一定要通过施工组织设计使二者的操作做到互不干扰，保证在规定时间内完成任务。

2. 装饰装修材料冗杂

人们对于装饰装修的要求越来越高，除了要求质量过关之外，还要注意环保与安全。在进行装饰装修材料选购与储存的时候，既要保证环保，又要防水防火等，同时还要注意其使用寿命。对进口材料来说，还需要一个采购的流程，因此要安排好时间，不能耽误施工进度。另外，对于施工中所用的装饰装修材料还要有一个边用边计算的习惯，如果从预算到施工出现材料不足的情况，就要进行合理补充。由此可见，装饰施工组织设计需具备一定的科学性和严谨性，做到供给均衡，合理分配。

3. 装饰装修施工环境复杂

建筑装饰装修的施工通常是在建筑主体施工完成后进行的。装饰装修工程包括水、电、声、热等物理项目和地、顶、墙以及门窗部位的界面装修，具有一定的复杂性。施工人员相对较多，在具体进行施工的时候，可能会出现将材料任意摆放的情况，使施工现场比较混乱，这也需要施工组织设计进行创新管理。

4. 新工艺层出不穷

建筑装饰工程为了满足人们的审美需要，也在不断尝试新工艺。随着社会的不断发展，新技术层出不穷，装饰装修项目施工质量日渐提升。这也要求施工方在施工中引进多样化的工艺，满足业主的需要，跟上时代发展的步伐，保证装饰装修技术越来越成熟，达到一个新的高度。

（二）装饰施工组织设计创新的重点

1. 施工工期的要求

建筑装饰工程施工与建筑总体结构施工是相互联系的。施工组织设计中要考虑的是既要保证整个建筑的施工及质量，还要做到合理规划装饰装修的工期。然而，影响工期的因素有很多，因此一定要做到全方位兼顾，考虑到各种情况，进行创新，使两组施工共同开展，并且互不干扰，保证按时完成任务。

2. 施工质量的新高度

建筑装饰施工在实际建设过程中，需要遵循一定的行业标准和规章制度。同时人们的需求也在不断提高，因此对施工质量来说也是一种挑战。这也需要合理的施工组织设计来实现，如从施工技术与步骤等方面，根据业主的需要进行合理安排，保证施工质量达到一个新高度。

3. 施工环境的创新

秉持"营造绿色建筑，改善施工环境"这一思想，对于控制由施工造成的作业污染（如施工垃圾、噪声、粉尘等）具有良好的制约作用。选择合适的施工方法减少噪声污染和合理处理施工废料，并积极开发新材料应对装饰污染，这些都是施工组织设计方案要解决的问题。在进行装饰施工组织设计创新时，还要找到建筑施工与装饰装修施工二者间的规律，才能做到科学管理。

（三）装饰施工组织设计的创新方法

1. 施工方案的创新

编制建筑装饰施工方案时，需要了解施工现场的实际情况，结合地形与材料和设备等，设计多种场地使用方案，保证施工时有足够的场地进行操作。除了合理利用平面空间，还要注意垂直空间的安排。例如，升降系统设计，如何运输材料等，结合已有设备和基础进行创新设计，不浪费资源。这样的设计能大大提升施工效率，也能保证施工方在规定的工期内完成任务。

2. 施工环境的创新

无论是建筑主体施工还是装饰装修施工，环境都是一个必须考虑的部分。在进行施工组织设计创新的时候，要结合周边环境、气候，做到全面考虑。根据工作种类不同，造成的噪声污染不同，进行时间的划分，保证各分组的衔接，不浪费时间。在周边环境需要安静的时候，进行刷漆、布线、运输材料等操作；在人们下班的时间内，进行大型焊接、割锯、电锤等噪声较大的操作。从施工安排、人员操作与休息这几个方面，结合周边环境，对装饰施工组织设计出新的方案，在保证质量与工期的情况下，提升管理效率。

3. 编制方法的创新

在对编制方法进行创新设计时，可以结合一些以前成功的设计经验和技巧，根据实际需要来选择对比，最后进行完善。制定编制标准时，要超前想到日后的发展，预留一定的接口。同时，要符合人们的需求和结合企业的情况，还要注意施工人员和工期等问题，保证各工种不冲突，而且能够做到相互衔接，然后设计出具体的施工编制标准。

4. 信息技术的使用

随着时代的发展，信息的传播方式也在不断更新。在对建筑装饰施工组织进行创新设计时，可以运用信息技术，将原来写在纸上的内容电子化，然后进行传播。例如，可以采用数字化设计对施工现场和材料的使用量进行模拟和测试，从中找到不足，及时进行改进。另外，三维可视化方式还能对施工进度进行预测，为组织设计创新提供帮助，保证其正确性。在材料采购到施工现场的运输环节，也可以用信息技术进行计算，然后模拟多种运输情况，根据装饰装修和建筑主体的施工进度，选择最合适的方法，合理安排时间与施工步骤，使整个施工工期不紧张，为后期处理问题留足时间。操作人员对施工的进度与问题，也能通过信息技术及时传递给管理层，以便及时做出决策，做到高效率、高质量。

施工组织设计方案是业主、专家等相关方对施工项目最直接的了解方式，施工方应从材料、工艺、设备、组织等方面编制合理的施工组织方案，并从装饰工程的特点入手，注意对编制方法和环境进行施工组织设计创新。运用信息技术加以完善，使管理方法更有效，促进装饰装修行业蓬勃发展。

二、建筑装饰工程施工技术管理

创新是各行各业发展的第一生产力，随着新式装饰材料以及新式装饰工艺技术的不断涌现，建筑装饰工程领域的竞争变得更加激烈，更加激烈的市场竞争反向促进了装饰工程施工企业向着更高层次发展。建设装饰工程不仅考验施工单位对于建设工艺的把握程度，更是考验施工单位对于艺术和大众审美的了解程度，这种工艺和审美的结合给施工企业增加了很大的难度。进一步强化装饰工程技术管理能促使行业进行升级，改善行业不足，落实具体工作。

（一）建筑装饰工程施工技术管理的意义

随着改革开放的不断深入，我国社会不断发展，人们对于建筑的实用性和美观性要求都在进一步提升，在建筑装饰领域，工程人员应该针对建筑的特点和未来使用用途来进行内部装饰升级。由于各种外界因素的影响，完成装修工程后的施工效果会因为环境温度甚至干湿度的变化而引起装饰材料脱落、开裂，或者因为要改变建筑内的布局而对建筑建设施工时布置的水电暖管路进行改造从而造成工期延长、建筑力学性质的改变，这些都是内部装饰领域的短板，所以就应该对施工企业的施工资质及施工历史进行审批，甄选出高资质的施工企业进行施工，但是即便这样，建筑装饰施工过程中还是会出现各种问题，因此我们应该进一步强化技术管理，进一步提高施工水平。

首先，保证工程的施工质量和安全。建筑行业是我国国民经济的支柱产业，为我国国民经济的发展作出了巨大贡献。建筑装饰工程的施工质量好坏决定了业主日后使用的直观感受，遵循我国可持续发展战略方针，节能环保的理念深入各行各业，在选择合适的装饰施工工艺的同时还应该加入节能环保的施工工艺，将节能环保的理念进一步贯彻落实，这对促进建筑装饰工程改革具有积极作用。

其次，提升施工企业管理水准。在建筑内部装饰施工管理领域，对于技术的管理是整个行业的重点内容，技术管理涉及宽泛，环节繁杂，在整个建筑装饰施工过程中都要做好技术管理工作。施工企业应该合理安排技术管理，建立一套技术管理生态，打造高效科学的管理结构。

最后，提升行业地位。我国的房地产经济不断发展，涌现出了很多新型的施工技术和装饰材料，我们要做好整个环节的技术管理工作，将行业进行高效精简，提升行业水平，提升市场占比。

（二）装饰工程的主要内容

装饰工程施工对于施工工艺的要求尤其高，装饰工程主要包括吊顶、刮白、粉刷等环节，几种环节按照工序层层递进，打造出一个符合业主审美理念和日后使用的房屋内部装饰，不仅要满足业主的个性化审美需求，也要保护建筑免受风雨侵袭，抵御来自外界的温度变化和噪声等影响因素。

（三）建筑装饰工程施工技术管理的要点

建筑装饰的施工环节可谓环环相扣，各环节之间联系紧密，如果有一环出现施工质量问题，那么以这个环节作为基础的下一个环节一定会受到影响。建筑装饰工程分为室外装饰和室内装饰，室外装饰往往打造一片和整个项目定位相似的环境设计，不仅要做到与周围环境的颜色、风格相近，甚至还要做到与周围建筑的文化背景相契合，体现出整个建筑群的和谐统一。室内装饰工程的重点是墙体、天花板、地板以及功能分区四个基础部分，对于墙体的设计特点就是在体现出全屋风格的同时还要注意墙体所使用材料的性能，如阻燃、隔音、保温等物理性质。在天花板部分的装饰中，将吊顶造型与房屋结构相结合进行设计，体现出房屋室内装饰的气场与整体感觉，还要做好对于全屋光线的设置安排，合理利用灯光营造的光影效果，突出装饰主题。在地板的装饰中，主要体现的是所选板材对于日后使用的细节化体现，例如，是否影响地暖的加温性能，是否足够耐磨，是否可以降低走路或搬动家具对于楼下住户的噪声影响，等等。室内装饰的功能分区也是异常重要的，功能分区设置合理与否直接决定了日后使用的便捷程度。

（四）装饰施工存在的基本问题

1. 施工人员的管理存在弊端

建筑装饰工程管理中一个非常重要的工作要点就是对于施工人员的管理。我国装饰工程行业的市场规模巨大，充斥着大量的从业人员，这些建筑施工人员大多都是农民工转型的工作人员，他们虽然具有一定的技术水平，但是由于装饰工程行业快速发展，他们的技术水平已经不足以应对现在业主的需要。这些施工团队技术落后，没有经过专业的建筑装饰工程施工培训，由于基础知识的欠缺，他们的从业水平往往比较低，很多新式的装饰风格和装饰工艺未被他们所掌握，容易被时代所抛弃。目前，我国的建筑装饰施工单位大部分都是由业主和设计师进行意向交涉，由设计师进行整个项目的施工设计，再将设计图纸交到施工人员的手中进行施工，由于施工人员的素质落后，他们不能完全按照图纸上的设计成果进行施工，造成业主的诉求没办法实现，拉低了建筑装饰工程的施工质量。

2. 建筑装饰风格多样

在对某些建筑进行装饰设计时，为了增加城市建筑的趣味性，往往会将一些建筑的外表设计成充满趣味风格的造型，这些造型往往运用新型的建造材料，但是这样新奇的装饰风格在满足了业主需求的同时却忽视了建造质量的问题，这样的装饰风格具有很大的弊端：这样的装饰风格较少，因此相关的施工单位在施工时经验也相对较少，在结构设计方面容易出现问题，建筑外墙需要承受的力远远大于设计时的标准，长时间之后就会出现连接强度和耐久性下降的问题。不合理的装饰结构设计甚至会影响整个建筑的结构，减弱建筑的结构刚性，对建筑造成破坏，造成严重的安全问题。

3. 人员、材料运输压力大

在一些高层建筑中，施工所用材料和施工建设工人的运输问题在一定程度上影响了工程的进展，是一个不容忽视的工作重点，我们只有将先进的技术手段和管理手段进行结合，才有可能在一定程度上解决这个问题。设备管线安装、粗装修和精装修等多种队伍同时开展交叉施工作业，还有不参与工程具体建设的业主、监理以及装修设计人员等，大量的建筑装修相关人员具有进入高层建筑的需求。这就意味着我们要高效地使用运输工具完成人员和建筑材料的输送作业，避免劳动力窝工造成生产效率低下，最大限度地降低工期延后的可能性。

4. 智能化管理体系不够完善

中华人民共和国成立以来，我国的建筑装饰工程已经有了几十年的发展历史，但是我国传统的建筑装饰装修虽然有着较为成熟的体系，但是我们在智能化管理建筑装饰装修中所做的探究还远远不够。我们的智能化施工管理体系还不完善，缺乏足够的经验和系统建设令我们在这个领域较为落后。但是，从我国的基本国情来看，我国幅员辽阔、人口众多，建筑装饰装修的规模也较国外更为庞大，建筑装饰装修风格也各有不同。因此，国外少而精的智能化施工管理体系可能并不适用于我国开展智能化施工管理探究，因此，很难从国外相关的先进领域吸收相关知识来拓展并丰富我国的智能化施工管理体系。除此之外，很多施工单位过度重视短期效益，将目光全部放在眼前的经济效益上，减少对于智能化施工管理体系的开发力度，在一定程度上导致智能化施工管理体系难以取得跨越式的发展。

（五）建筑装饰工程施工技术管理的改进措施

1. 建立健全施工技术管理体系

在建筑装饰工程施工时，技术管理工作的高质量进行离不开施工技术管理体系的保驾护航，保障各项工作完整有序地展开。为了建造一个完整的技术管理体系，整合行业内的规章制度和各种工作内容，优化行业结构，首先，要做好对于文职资料的管理，将相关的施工资料进行统一存档，有利于日后相关工程的开展。其次，一个装饰项目的建设效果好坏与否和整个建设团队的工作积极性具有很大的关系，这就要求整个团队的参与人员都具有高度的岗位责任意识，认真完成每个工作任务。另外，还要及时做好建设进度记录，通过对整个建筑施工的跟踪记录来发现建设中存在的问题，及时纠正，及时改进，全面提升整个建筑装饰工程的建设质量。

2. 持续优化和创新技术

现如今社会飞速发展，为了将建筑装饰工程与社会发展的要求相结合，装饰工程领域应该进行配套工艺技术的改进和革新。传统的装饰工艺在一段时间内主宰了行业，随着社会的发展，传统的装饰技术已经不能满足业主的使用需求，因此传统技术面临淘汰的尴尬局面，只有将传统技术和新兴技术进行整合改良，将传统工艺与新材料进行有机配合，才能激发出新一轮的装饰工程工艺的改进。例如，将计算机技术与互联网技术和装饰工程技术管理工作相结合，促进传统工艺和新技术快速整合，这就要求相关人员积极落实对于新技术的应用，将不同技术之间的优点相结合，提高技术管理工作效率，提升装饰技术管理工作质量。

3. 培养高素质施工技术管理人员

建筑工程装饰技术管理工作获得创新发展的前提是各技术人员的大力支持，我们要明确发展目标，加大对于高级技术性工作人员的培养力度，通过稳定的工作内容来吸引一批后备力量。装饰工程施工企业应该定时进行人员培训，将新技术、新工艺、新思想准时快速传递给后备人员，还可以通过引进新式施工设备来提升施工人员的工作效率，提升建筑装饰工程的效果。

总而言之，施工单位应该培养员工注重新思想与新技术、不断学习的习惯，打造一个合理创新的人才管理体制，将实践和理论进行有机结合，培养一批新时代的装饰工程施工技术人员。

4. 做好装饰图纸管理工作

建筑装饰工程管理人员除了要掌握现有的基础装饰技术，还要掌握具体的装饰施工工艺，这类管理人员只有掌握一定的建筑装饰工程施工知识才能在工程现场对施工工人进行技术指导。因此，这就要求施工管理人员熟悉建筑装饰工程设计图纸的每一个要点，明确设计图纸所要求的施工工艺细节。无论是施工人员还是管理人员都应该充分掌握图纸的信息，将图纸进行呈现，严格按照图纸和相关标准进行施工。

5. 积极解决技术疑难问题

建筑装饰技术中存在一些疑难问题，解决这些问题是技术管理工作的重心，这些问题会直接影响到建筑装饰工程的设计阶段和施工阶段，从而影响工程质量，给业主和施工企业造成直接的经济损失。施工单位要总结过往的施工经验，对这些容易出现的疑难问题进行归类整理，进而分析可能造成这类问题的根本原因，通过对原因的分析找出合理的解决措施。例如，在大面积的地板和天花板装修完成后，这些施工作业可能会出现由于环境温度、湿度变化而引起的开裂、鼓包等问题。通过不断总结经验，对缺陷出现的成因进行梳理，然后一一找出解决方案，设立实验场地进行解决措施的分类实验，通过这种小范围的实验找出最有效的解决办法。

6. 注重工程质量和技术资料的检查

建筑装饰工程合格与否以及建筑装饰装修档案齐全与否体现了建筑装饰施工单位和设计单位的建筑装修水平和管理水平。同时，建筑装饰装修档案也是施工质量工程验收单位对建筑装饰工程进行质量验收的重要依据。因此，建筑装饰装修企业应该重视对于相关档案资料的跟踪检查及更新工作的开展。这样的追踪工作可以进一步检查施工工艺、施工方案、施工用料等施工要素是否符合要求，保证施工建设进程有条不紊地开展，保证施工建设项目能在最后工期前完成。建筑装饰工程建设承包企业可以采用互查和专人督查的办法进行质量管理，用班组间互查和工序交接前检查的方式结合监理监督和项目领导监督的方式同时进行，对施工中的瑕疵进行及时检查，然后责令改正。建筑装饰装修施工的全过程中要严格执行质量监督管理体系，遇到建设质量问题要采用相关措施及时解决。根据这样的质量监督管理体系就可以减少装饰工程施工人员的懈怠心理，加强其责任意识，从根源上解决施工质量不佳的问题，不仅减少了返工成本，更减少了工期延误。良好的建筑装饰装修工程质量能增强施工企业的市场竞争力，促进企业发展和壮大。

7. 加强建筑装饰装修质量

通过对建筑装饰装修工程管理工作的进一步拓展，可以加强建筑装饰工程的质量。建筑装饰工程需要满足业主多方面的需求，在保证施工经济性的前提下还要保证建筑的实用性和美观性，这对于建筑装修工程来说是一项非常严峻的任务，随着社会的不断发展和人民需求的不断提高，建筑出现了多种多样的结构需求和装饰需求，实际建筑装饰装修工作的难度也变得越来越大。我们通过相关的建筑装修工程管理工作可以在一定程度上尽早发现建筑装饰工程建设中存在的问题和弊端，在进行下一步工序之前就能进行有效的预防，更加全面地对待可能出现的质量问题。建筑装饰工程技术管理工作的开展能将整个建筑装饰工程模块化，通过对关键位置的合理控制来保证建筑装饰工程整体的经济性和安全性，这样不仅可以提高建筑装饰工程的整体效果，更能为建筑装饰施工企业创造更大的经济效益，保证建筑装饰工程领域获得长足的发展。

结合全文，随着行业竞争越来越激烈，建筑工程的施工质量关系到一个施工企业能否抢占市场，站稳脚跟。提升施工质量就要求施工企业必须高度重视建筑装饰工程施工技术管理，建立各种技术管理体系和生态，将传统手艺与现代科技进行有机结合，以人为本，以机器为辅进行行业升级，改善行业不足，促进建筑装饰效果进一步提升。

第三章　建筑工程施工组织

第一节　施工组织概论

一、施工准备工作

现代企业管理理论认为，企业管理的重点是生产经营，而生产经营的核心是决策。工程项目施工准备工作是生产经营管理的重要组成部分，是对拟建工程目标、资源供应和施工方案的选择，是对空间布置和时间排列等诸方面进行的施工决策。

（一）施工准备工作的重要性

现代的建筑施工是一项错综复杂的生产活动，它不但需要耗用大量的材料，动用大批的机具设备，组织安排成百上千的各类专业工人进行施工操作，而且还要处理各种复杂的技术问题，协调内部、外部的各种关系，真可谓涉及面广、情况复杂、千头万绪。如果事先没有统筹安排或准备得不充分，势必会使某些施工过程出现停工待料、延长施工时间、施工秩序混乱的情况，致使工程施工无法正常进行。因此，事先全面细致地做好施工准备工作，对调动各方面的积极因素，合理组织人力、物力，加快施工进度，提高工程质量，节约资金和材料，提高企业经济效益，都将起到重要作用。

施工阶段的程序如下：施工准备、土建施工、设备安装、竣工验收和交付使用。其中，施工准备工作的基本任务是为拟建工程施工建立必要的技术、物资和组织条件，统筹安排施工力量和布置施工现场，确保拟建工程按时开工和持续施工。实践经验证明，严格遵守施工程序，按照客观规律组织施工，及时做好各项施工准备工作，是工程施工能够顺利进行和圆满完成施工任务的重要保证。

（二）施工准备工作的分类

1. 按施工准备工作的范围分类

（1）全场性施工准备。它是以一个建筑工地为对象而进行的各项施工准备工作，其目的和内容都是为全场性施工服务的，同时也兼顾单位工程施工条件的准备工作。

（2）单位工程施工条件的准备。它是以一个建筑物或构筑物为对象而进行的各项准备工作，其目的和内容都是为该单位工程创造施工条件做准备工作，确保单位工程按期开工和持续施工，同时也兼顾分部分项工程施工条件的准备工作。

（3）分部分项工程作业条件的准备。它是以一个分部或分项工程或冬、雨期施工工程为对象而进行的各项作业条件的准备工作。

2. 按拟建工程所处的施工阶段分类

（1）开工前的施工准备。拟建工程开工前所进行的各项施工准备工作，是为拟建工程正式开工和在一定的时间内持续施工创造必要的施工条件。它包括全场性施工准备和单位工程施工条件的准备。

（2）各施工阶段施工前的准备。它是拟建工程开工后，每个施工阶段正式开工前所做的各项施工准备工作，其为各施工阶段正式开工创造必要的条件。如一般民用建筑工程施工，可分为地基与基础工程、主体工程、屋面工程和装修工程等施工阶段，每个施工阶段的施工内容不同，所需要的技术条件、物资条件、施工方法、组织措施要求及现场平面布置等也不同，因此，每个施工阶段开始前，均要做好相应的施工准备工作。

由此可以看出，不仅在拟建工程开工之前要做好施工准备工作，而且随着工程施工的推进，在各施工阶段开工之前也要做好施工准备工作。施工准备工作既有阶段性，又有连续性，因此，施工准备工作必须有计划、有步骤、分期、分阶段地进行，要贯穿于拟建工程整个建造过程的始终。

（三）施工准备工作的内容

施工准备工作通常包括技术资料准备、施工现场准备、物资准备、施工组织准备和对外工作准备五个方面。

1. 技术资料准备

技术资料准备即通常所说的"内业"工作，是施工准备工作的核心，是确保工程质量、工期、施工安全和降低工程成本、增加企业经济效益的关键。其主要内容包括熟悉与会审施工图纸、调查研究与收集资料、编制施工组织设计、编制施工预算文件。

（1）熟悉与会审施工图纸

1）熟悉与会审施工图纸的目的

①充分了解设计意图、结构构造特点、技术要求、质量标准，以免发生施工指导性错误。②及时发现施工图纸中存在的差错或遗漏，以便及时改正，确保工程顺利施工。③结合具体情况，提出合理化建议和协商有关配合施工等事宜，以便确保工程质量、安全，降低工程成本和缩短工期。

2）熟悉施工图纸的要求和重点内容

熟悉施工图纸要求先粗后细，先小后大，先建筑后结构，先一般后特殊，图纸与说明结合，土建与安装结合，图纸要求与实际情况结合。

熟悉施工图纸的重点内容包括以下几个方面：① 基础部分，应核对建筑、结构、设备施工图纸中有关基础留洞的位置尺寸、标高，地下室的排水方向，变形缝及人防出口的做法，防水体系的包圈和收头要求等是否一致和符合规定。② 主体结构部分，主要掌握各层所用砂浆、混凝土的强度等级，墙、柱与轴线的关系，梁、柱配筋及节点做法，悬挑结构的锚固要求，楼梯间的构造做法等，核对设备图和土建图上洞口的尺寸与位置关系是否准确一致。③ 屋面及装修部分，主要掌握屋面防水节点做法，内外墙和地面等所用材料及做法，核对结构施工时为装修施工设置的预埋件、预留洞的位置、尺寸和数量是否正确。在熟悉施工图纸时，对发现的问题应在图纸的相应位置做出标记，并做好记录，以便在图纸会审时提出意见，协商解决。

3）施工图纸会审

施工图纸会审一般由建设单位组织，设计单位、施工单位参加。会审时，首先，由设计单位进行图纸交底，主要设计人员应向与会者说明拟建工程的设计依据、意图和功能要求，并对特殊结构、新材料、新工艺和新技术的选用和设计进行说明；其次，施工单位根据熟悉审查图纸时的记录和对设计意图的理解，对施工图纸提出问题、疑问和建议；最后，在三方统一认识的基础上，对所探讨的问题逐一做好协商记录，形成"图纸会审纪要"，由建设单位正式行文，参加会议的单位共同会签、盖章，作为与施工图纸同时使用的技术文件和指导施工的依据，并列入工程预算和工程技术档案。

施工图纸会审的重点内容如下。

①审查拟建工程的地点、建筑总平面图是否符合国家或当地政府的规划，是否与规划部门批准的工

程项目规模形式、平面立面图一致，在设计功能和使用要求上是否符合卫生、防火及美化城市等方面的要求。

②审查施工图纸与说明书在内容上是否一致，施工图纸是否完整、齐全，各种施工图纸之间或各组成部分之间是否有矛盾和差错，图纸上的尺寸、标高、坐标是否准确、一致。

③审查地上与地下工程、土建与安装工程、结构与装修工程等施工图纸之间是否有矛盾或施工中是否会发生干扰，地基处理、基础设计是否与拟建工程所在地点的水文、地质条件等相符合。

④当拟建工程采用特殊的施工方法和特定的技术措施，或工程复杂、施工难度大时，应审查本单位在技术上、装备条件上或特殊材料上、构配件的加工订货上有无困难，能否满足工程质量、施工安全和工期的要求；采取某些方法和措施后，是否能满足设计要求。

⑤明确建设期限、分期分批投产或交付使用的顺序、时间；明确建设单位、设计单位和施工单位之间的协作、配合关系；明确建设单位所能提供的各种施工条件及完成的时间，建设单位提供的材料和设备的种类、规格、数量及到货日期等。

⑥设计单位和施工单位提出的合理化建议是否被采纳或部分采纳；施工图纸中不明确或有疑问之处，设计单位是否解释清楚等。

（2）调查研究与收集资料。我国地域辽阔，各地区的自然条件、技术经济条件和社会状况等各不相同，因此，必须做好调查研究，了解当地的实际情况，熟悉当地条件，掌握第一手资料，作为编制施工组织设计的依据。其主要内容包括技术经济资料调查、建设场址勘察、社会资料调查等。

（3）编制施工组织设计。施工组织设计是规划和指导拟建工程从施工准备到竣工验收的施工全过程各项活动的技术、经济和组织的综合性文件。施工总承包单位经过投标、中标承接施工任务后，即开始编制施工组织设计，这是拟建工程开工前最重要的施工准备工作之一。施工准备工作计划则是施工组织设计的重要内容之一。

（4）编制施工预算文件。施工预算是在施工图预算的控制下，按照施工图、拟订的施工方法和建筑工程施工定额，计算出各工种工程的人工、材料和机械台班的使用量及其费用，作为施工单位内部承包施工任务时进行结算的依据，同时也是编制施工作业计划、签发施工任务单、限额领料、基层进行经济核算的依据，还是考核施工企业用工状况、进行施工图预算与施工预算"两算"对比的依据。

2. 施工现场准备

施工现场是参加建筑施工的全体人员为优质、安全、低成本和高速度完成施工任务而进行工作的活动空间；施工现场准备工作是为拟建工程施工创造有利的施工条件和提供物资保证的基础。其主要内容包括：拆除障碍物；搞好"七通一平"；做好施工场地的控制网测量与放线工作；搭设临时设施；安装调试施工机具，做好建筑材料、构配件等的存放工作；做好冬、雨期施工安排；设置消防、保安设施和机构。

（1）拆除障碍物

拆除施工范围内的一切地上、地下妨碍施工的障碍物，通常是由建设单位来完成，但有时也委托施工单位完成。拆除障碍物时，必须事先找全有关资料，摸清底细；资料不全时，应采取相应防范措施，以防发生事故。架空线路、地下自来水管道、污水管道、燃气管道、电力与通信电缆等的拆除，必须与有关部门取得联系，并办好相关手续后方可进行。最好由有关部门自行拆除或承包给专业施工单位拆除。现场内的树木报园林部门批准后方可砍伐。拆除房屋时必须在水源、电源、气源等截断后方可进行。

（2）做好施工场地的控制网测量与放线工作

按照设计单位提供的建筑总平面图和规划部门给定的建筑红线桩或控制轴线桩及标准水准点进行测量放线，在施工现场范围内建立平面控制网、标高控制网，并对其桩位进行保护，同时还要测定出建筑物、构筑物的定位轴线、其他轴线及开挖线等，并对其桩位进行保护。测量放线是确定拟建工程的平面位置和标高的关键环节，施测中必须认真负责，确保精度，杜绝差错。为此，施测前应对测量仪器、钢尺等进行检验校正；同时对规划部门给定的建筑红线桩或控制轴线桩和标准水准点进行校核，如发现问题，应提请建设单位迅速处理。建筑物在施工场地中的平面位置是依据设计图中建筑物的控制轴线与建筑红线间的距离测定的，控制轴线桩测定后应提交有关部门和建设单位进行验线，以便确保定位的准确性。沿建筑红线的建筑物控制轴线测定后，还应由规划部门进行验线，以防建筑物压红线或超出红线。

（3）搞好"七通一平"

"七通"包括在工程用地范围内，接通施工用水、用电、道路、通信（电话 IDD、DDD、传真、电子邮件、宽带网络、光缆等）及燃气（煤气或天然气），保证施工现场排水及排污畅通；"一平"是指平整场地。

（4）搭设临时设施

施工现场所需的各种生产、办公、生活、福利等临时设施，均应报请规划、市政、消防、交通、环保等有关部门审查批准，并按施工平面图中确定的位置、尺寸搭设，不得私搭乱建。为了施工方便和行人安全，应采用符合当地市容管理要求的围护结构将施工现场围起来，并在主要出入口处设置标牌，标明工地名称、施工单位、工地负责人等内容。

（5）安装调试施工机具，做好建筑材料、构配件等的存放工作

按照施工机具的需要量及供应计划，组织施工机具进场，并安置在施工平面图规定的地点或库棚内。固定的机具就位后，应做好搭棚、接电源水源、保养和调试工作；所有施工机具都必须在正式使用之前进行检查和试运转，以确保正常使用。

按照建筑材料、构配件和制品的需要及供应计划，分期分批地组织进场，并按施工平面图规定的位置和存放方式存放。

（6）季节性施工准备

1）冬期施工准备

①合理选择冬期施工项目。冬期施工条件差，技术要求高，施工质量不容易保证，同时还会增加施工费用。因此要尽量安排冬期施工费用增加不多，能比较容易保证施工质量的施工项目在冬期施工，如吊装工程、打桩工程和室内装修工程等；尽量不安排冬期施工费用增加较多，不易保证施工质量的项目在冬期施工，如土方工程、基础工程、屋面防水工程和室外装饰工程；对于那些冬期施工费用增加稍多一些，但采用适当的技术、组织措施后能保证施工质量的施工项目，也可以考虑安排在冬期施工，如砌筑工程、现浇钢筋混凝土工程等。

②冬期施工准备工作的主要内容。包括各种热源设备、保温材料的储存、供应以及司炉工等设备操作管理人员的培训工作；砂浆、混凝土的各项测温准备工作；室内施工项目的保暖防冻、室外给排水管道等设施的保温防冻、每天完工部位的防冻保护等准备工作；冬期到来之前，尽量储存足够的建筑材料、构配件和保温用品等物资，节约冬期施工运输费用；防止施工道路积水成冰，及时清除冰雪，确保道路畅通；加强冬期施工安全教育，落实安全、消防措施。

2）雨期施工准备

合理安排雨期施工项目，尽量把不宜在雨期施工的土方、基础工程安排在雨期到来之前完成，并预留出一定数量的室内装修等雨天也能施工的工程，以备雨天室外无法施工时转入室内装修施工；做好施工现场排水、施工道路的维护工作；做好施工物资的储运保管、施工机具设备的保护等防雨措施；加强雨期施工安全教育，落实安全措施。

3）夏季施工准备

夏季气温高，干燥，应编制夏季施工方案及采取的技术措施，做好防雷、避雷工作。此外，还必须

做好施工人员的防暑降温工作。

（7）设置消防、保安设施和机构

按照施工组织设计的要求和施工平面图确定的位置设置消防设施和施工安全设施，建立消防、保安等组织机构，制定有关的规章制度和消防、保安措施。

3. 物资准备

建筑材料、构配件、工艺机械设备、施工材料、机具等施工物资是确保拟建工程顺利施工的物质基础，这些物资的准备工作必须在工程开工前完成，并根据工程施工的需要和供应计划，分期分批地运达施工现场，以便满足工程连续施工的要求。

为了确保工程质量和施工安全，施工物资进场验收和使用时，还应注意以下几个问题。

（1）无出厂合格证明或没有按规定进行复验的原材料、不合格的建筑构配件，一律不得进场和使用。严格执行施工物资的进场检查验收制度，杜绝假冒伪劣产品进入施工现场。

（2）施工过程中要注意查验各种材料、构配件的质量和使用情况，对不符合质量要求、与原试验检测品种不符或有怀疑的，应提出复检或化学检验的要求。

（3）现场配制的混凝土、砂浆、防水材料、耐火材料、绝缘材料、保温隔热材料、防腐蚀材料、润滑材料以及各种掺合料、外加剂等，使用前均应由实验室确定原材料的规格和配合比，并制定出相应的操作方法和检验标准后方可使用。

（4）进场的机械设备，必须进行开箱检查验收，产品的规格、型号、生产厂家和地点、出厂日期等，必须与设计要求完全一致。

4. 施工组织准备

施工组织准备是确保拟建工程能够优质、安全、低成本、高速度地按期建成的必要条件。其主要内容包括：建立拟建项目的领导机构；集结精干的施工队伍；加强职业培训和技术交底工作；建立健全各项规章与管理制度。

（1）建立拟建项目的领导机构

项目领导机构人员的配置应根据拟建项目的规模、结构特点、施工的难易程度而定。对于一般的单位工程，配置项目经理、技术员、质量员、材料员、安全员、定额统计员、会计各一人即可；对于大型的单位工程，项目经理可配副职，技术员、质量员、材料员和安全员的人数均应适当增加。

（2）集结精干的施工队伍

建筑安装工程施工队伍主要有基本、专业和外包施工队伍三种类型。基本施工队伍是建筑施工企业组织施工生产的主力，应根据工程的特点、施工方法和流水施工的要求恰当地选择劳动组织形式。土建工程施工一般采用混合施工班组，其特点是：人员配备少，工人以本工种为主，兼做其他工作，施工过程之间搭接比较紧凑，劳动效率高，也便于组织流水施工。

专业施工队伍主要用来承担机械化施工的土方工程、吊装工程、钢筋气压焊施工和大型单位工程内部的机电安装、消防、空调、通信系统等设备安装工程，也可将这些专业性较强的工程外包给其他专业施工单位来完成。

外包施工队伍主要用来弥补施工企业劳动力的不足。随着建筑市场的开放、用工制度的改革和建筑施工企业的精兵简政，施工企业仅靠自己的施工力量来完成施工任务已远远不能满足需要，因而将越来越多地依靠组织外包施工队伍来共同完成施工任务。外包施工队伍大致有三种形式：独立承担单位工程施工、承担分部分项工程施工和参与施工单位施工队组施工，以前两种形式居多。

施工经验证明，无论采用哪种形式的施工队伍，都应遵循施工队组和劳动力相对稳定的原则，以利于保证工程质量和提高劳动效率。

（3）加强职业培训和技术交底工作

建筑产品的质量是由工序质量决定的，工序质量是由工作质量决定的，工作质量又是由人的素质决定的。因此，要想提高建筑产品的质量，必须先提高人的素质。提高人的素质、更新人的观念和知识的主要方法是加强职业技术培训，不断地提高各类施工操作人员的技术水平。加强职业培训工作，不仅要抓好本单位施工队伍的技术培训工作，而且要督促和协助外包施工单位抓好技术培训工作，确保参与建筑施工的全体施工人员均有较好的素质和满足施工要求的专业技术水平。

施工队伍确定后，按工程开工日期和劳动力的需要量与使用计划，分期分批地组织劳动力进场，并在单位工程或分部分项工程开始之前向施工队组的有关人员或全体施工人员进行施工组织设计、施工计划交底和技术交底。交底的主要内容有：工程施工进度计划、月（旬）作业计划、施工工艺方法、质量标准、安全技术措施、降低成本措施、施工验收规范中的有关要求以及图纸会审纪要中确定的有关内容、施工过程中三方会签的设计变更通知单或洽商记录中核定的有关内容等。交底工作应按施工管理系统自上而下逐级进行，交底的方式以书面交底为主，口头交底、会议交底为辅，必要时应进行现场示范交底或样板交底。交底工作之后，还要组织施工队组有关人员或全体施工人员进行研究、分析，搞清关键内容，掌握操作要领，明确施工任务和分工协作关系，并制定相应的岗位责任制和安全、质量保证措施。

（4）建立健全各项规章与管理制度

施工现场各项规章与管理制度是否健全，不仅直接影响工程质量、施工安全和施工活动的顺利进行，而且直接影响企业的施工管理水平、企业的信誉和社会形象，也就是直接影响企业在竞争激烈的建筑市场中承接施工任务的份额和企业的经济效益，为此，必须建立健全各项规章与管理制度。

主要的规章与管理制度有：

1）工程质量检查与验收制度；

2）工程技术档案管理制度；

3）建筑材料、构配件、制品的检查验收制度；

4）技术责任制度；

5）施工图纸学习与会审制度；

6）技术交底制度；

7）职工考勤、考核制度；

8）经济核算制度；

9）定额领料制度；

10）安全操作制度；

11）机具设备使用保养制度。

5. 对外工作准备

施工准备工作除了要做好企业内部和施工现场准备工作，还要做好对外协作的有关准备工作。主要内容如下。

（1）选定材料、构配件和制品的加工订购地区和单位，签订加工订货合同；

（2）确定外包施工任务的内容，选择外包施工单位，签订分包施工合同；

（3）施工准备工作基本满足开工条件要求时，应及时填写开工申请报告，呈报上级批准。

（四）对施工准备工作的要求

1. 施工准备工作要有明确分工

（1）建设单位应做好主要专用设备、特殊材料等的订货，建设征地，申请建筑许可证，拆除障碍物，接通场外的施工道路、水源、电源等各项工作。

（2）设计单位主要是进行施工图设计及设计概算等相关工作。

（3）施工单位主要是分析整个建设项目的施工部署，做好调查研究，收集有关资料，编制好施工组织设计，并做好相应的施工准备工作。

2. 施工准备工作应分阶段、有计划地进行

施工准备工作应分阶段、有组织、有计划、有步骤地进行。施工准备工作不仅要在开工之前集中进行，而且要贯穿整个施工过程的始终。随着工程施工的不断推进，各分部分项工程的施工准备工作都要连续不断地分阶段、有组织、有计划、有步骤地进行。为了保证施工准备工作能按时完成，应按照施工进度计划的要求，编制好施工准备工作计划，并随着工程的进展，按时组织落实。

3. 施工准备工作要有严格的保证措施

（1）施工准备工作责任制度；

（2）施工准备工作检查制度；

（3）坚持基建程序，严格执行开工报告制度。

4. 施工准备工作中应做好四个结合

（1）施工与设计相结合。接到施工任务后，施工单位应尽早与设计单位联系，着重了解工程的总体规划、平面布局、结构形式、构件种类、新材料新技术等的应用和出图的顺序，以便出图顺序与单位工程的开工顺序及施工准备工作顺序协调一致。

（2）室内准备工作与室外准备工作相结合。室内准备主要是指"内业"的技术资料准备工作，室外准备主要是指调查研究、收集资料和施工现场准备、物资准备等"外业"工作。室内准备对室外准备起着指导作用，而室外准备则为室内准备提供依据或具体落实室内准备的有关要求，室内准备工作与室外准备工作要协调进行。

（3）土建工程准备与专业工程准备相结合。在工程施工过程中，土建工程与专业工程是相互配合进行的，如果专业工程施工跟不上土建工程施工，就会影响施工进度。因此，土建施工单位做施工准备工作时，要告知专业施工单位，并督促和协助专业工程施工单位做好施工准备工作。

（4）前期施工准备与后期施工准备相结合。

5. 开工前对施工准备工作进行全面检查

单位工程的施工准备工作基本完成后，要对施工准备工作进行全面检查，具备开工条件后，应及时向上级有关部门报送开工报告，经批准后即可开工。单位工程应具备的开工条件如下。

（1）施工图纸已经会审，并有会审纪要。

（2）施工组织设计已经审核批准，并进行了交底工作。

（3）施工图预算和施工预算已经编制和审定。

（4）施工合同已经签订，施工执照已经办好。

（5）现场障碍物已经拆除或迁移完毕，场内的"三通一平"工作基本完成，能够满足施工要求。

（6）永久或半永久性的平面测量控制网的坐标点和标高测量控制网的水准点均已建立，建筑物、构筑物的定位放线工作已基本完成，能满足施工的需要。

（7）施工现场的各种临时设施已按设计要求搭设，基本能够满足使用要求。

（8）工程施工所用的材料、构配件、制品和机械设备已订购落实，并已陆续进场，能够保证开工和连续施工的要求；先期使用的施工机具已按施工组织设计的要求安装完毕，并进行了试运转，能保证正常使用。

（9）施工队伍已经落实，已经过或正在进行必要的进场教育和各项技术交底工作，已调进现场或随时准备进场。

（10）现场安全施工守则已经制定，安全宣传牌已经设置，安全消防设施已经具备。

二、施工组织设计

（一）施工组织设计的概念

施工组织设计是指根据拟建工程的特点，对人力、材料、机械、资金、施工方法等方面的因素做全面、科学、合理的安排，并形成指导拟建工程施工全过程中各项活动的综合性技术经济文件。

施工组织设计的基本任务是，根据国家对基本建设项目的工期要求，选择经济合理的施工方案。

（二）施工组织设计的主要作用

（1）施工组织设计是施工准备工作的重要组成部分，也是做好施工准备工作的依据和重要保证。

（2）施工组织设计是沟通工程设计和施工之间的桥梁。

（3）施工组织设计具有重要的规划、组织和指导作用。

（4）施工组织设计是对拟建工程施工全过程实行科学管理的重要手段。

（5）施工组织设计是编制施工预算的主要依据。

（6）施工组织设计是检查工程施工进度、质量、成本三大目标的依据。

（7）施工组织设计是建设单位与施工单位之间履行合同的主要依据。

（三）施工组织设计的分类

1. 按编制对象范围的不同分类

（1）施工组织总设计。施工组织总设计是以整个建设项目或一个建筑群为编制对象，对整个建设工程的施工全过程进行全面规划和统筹安排，用于指导全局性的施工活动的技术经济性文件。

（2）单位工程施工组织设计。单位工程施工组织设计是以一个单位工程（一个建筑物或构筑物）为对象，用于指导其施工全过程的各项施工活动的技术经济性文件。

（3）分部分项工程施工组织设计。分部分项工程施工组织设计是以分部分项工程为编制对象，用于具体指导其施工全过程的各项施工活动的技术经济性文件。

（4）专项施工组织设计。专项施工组织设计是以某一专项技术（如重要的安全技术、质量技术或高新技术）为编制对象，用于指导其施工的综合性文件。

2. 按编制时间的不同分类

施工组织设计按编制时间不同可分为投标前编制的施工组织设计（简称标前设计）和签订工程承包合同后编制的施工组织设计（简称标后设计）两种。

3. 按编制内容繁简程度的不同分类

施工组织设计按编制内容的繁简程度不同可分为完整的施工组织设计和简明的施工组织设计两种。

（1）完整的施工组织设计。对于重点工程，规模大、结构复杂、技术要求高，或采用新结构、新技术、新材料和新工艺的拟建工程项目，必须编制内容详尽、完整的施工组织设计。

（2）简明的施工组织设计。对于工程规模小、结构简单、技术要求和工艺方法不复杂的拟建工程项目，可以编制仅包括施工方案、施工进度计划表和施工平面布置图（简称"一案、一表、一图"）等内容的简明施工组织设计。

（四）施工组织设计的内容

一个完整的施工组织设计一般应包括以下基本内容。

（1）工程概况及施工特点分析；

（2）施工方案的选择；

（3）施工准备工作计划；

（4）施工进度计划；

（5）各项资源需用量计划；

（6）施工平面图设计；

（7）主要技术组织保证措施；

（8）主要技术经济指标；

（9）结束语。

（五）施工组织设计的编制与执行

1. 施工组织设计的编制

（1）当拟建工程中标后，施工单位必须编制建设工程施工组织设计。建设工程实行总包和分包的，由总包单位负责编制施工组织设计或者分阶段施工组织设计。分包单位在总包单位的总体部署下，负责编制分包工程的施工组织设计。施工组织设计应根据合同工期及有关的规定进行编制，并且要广泛征求各协作施工单位的意见。

（2）对结构复杂、施工难度大以及采用新工艺和新技术的工程项目，要进行专业性的研究，必要时组织专门会议，邀请有经验的专业工程技术人员参加，集中群众智慧，为施工组织设计的编制和实施打下坚实的群众基础。

（3）在施工组织设计编制过程中，要充分发挥各职能部门的作用，吸收它们参加编制和审定，充分利用施工企业的技术素质和管理素质，统筹安排、扬长避短，发挥施工企业的优势，合理地进行工序交叉配合的程序设计。

（4）当比较完整的施工组织设计方案提出后，要组织参加编制的人员及单位进行讨论，逐项逐条地研究，修改后确定，最终形成正式文件，送主管部门审批。

2. 施工组织设计的执行

施工组织设计的编制，只是为实施拟建工程项目的生产过程提供了一个可行的方案。这个方案的经济效果如何，必须通过实践去验证。施工组织设计贯彻的实质，就是把一个静态平衡方案放到不断变化的施工过程中，考核其效果和检查其优劣，以达到预定的目标。因此，施工组织设计贯彻的情况如何，其意义是深远的，为了保证施工组织设计的顺利实施，应做好以下几个方面的工作。

（1）传达施工组织设计的内容和要求，做好施工组织设计的交底工作；

（2）制定有关贯彻施工组织设计的规章制度；

（3）推行项目经理责任制和项目成本核算制；

（4）统筹安排，综合平衡；

（5）切实做好施工准备工作。

3. 组织项目施工的基本原则

根据我国建筑业几十年来积累的经验和教训，在编制施工组织设计和组织项目施工时，应遵守以下原则。

（1）认真贯彻执行党和国家对工程建设的各项方针和政策，严格执行现行的建设程序。

（2）遵循建筑施工工艺及其技术规律，坚持合理的施工程序和施工顺序，在保证工程质量的前提下，加快建设速度，缩短工程工期。

（3）采用流水施工方法和网络计划等先进技术，组织有节奏、连续和均衡的施工，科学地安排施工进度计划，保证人力、物力充分发挥作用。

（4）统筹安排，保证重点，合理地安排冬期、雨期施工项目，提高施工的连续性和均衡性。

（5）采用国内外先进施工技术，科学地确定施工方案，贯彻执行施工技术规范、操作规程，提高工程质量，确保安全施工，缩短施工工期，降低工程成本。

（6）精心规划施工平面图，节约用地；尽量减少临时设施，合理储存物资，充分利用当地资源，减少物资运输量。

（7）做好现场文明施工和环境保护工作。

第二节　流水施工原理

流水施工是一种科学、有效的工程项目施工组织方法，它可以充分地利用工作时间和操作空间，减少非生产性劳动消耗，提高劳动生产率，保证工程施工连续、均衡、有节奏地进行，从而对提高工程质量、降低工程造价、缩短工期有着显著的作用。

一、流水作业的基本概念

流水作业（见图3-1）是一种先进的生产组织方式，把整个加工过程划分为若干不同的工序，按照一定的顺序流水似地组织生产。它是在劳动分工、合作和劳动工具专业化的基础上产生的，最早应用在工业生产上，后来应用于所有生产领域，在建筑安装施工的过程中也采用流水作业法，即流水施工。生产实践已经证明，流水作业法的基本特点在于生产过程具有连续性、均衡性和节奏性，可以充分利用时间和空间，提高生产效率，是组织产品生产最理想、最有效的科学组织方式。

建筑工程的"流水施工"源于工业生产中的"流水作业"，但又有所不同。在工业生产中，生产工人和设备的位置是固定的，产品按生产加工工艺在生产线上进行移动加工，从而形成加工者与被加工对象之间的相对流动；在建筑施工过程中，建筑产品具有固定性的特点，因此，建筑工程中的流水施工是由生产工人带着材料和机具等在建筑物的空间上从前一段到后一段进行移动生产形成的。

图3-1　流水作业

二、组织施工的基本方式

（一）组织施工的基本方式

考虑工程项目的施工特点、工艺流程、资源利用、平面或空间布置等要求，组织施工的方式有依次施工、平行施工和流水施工三种，为了能更清楚地说明它们各自的特点、概念及流水施工的优越性，下面对其进行分析和对比。

1. 依次施工（顺序施工）

依次施工是指按照一定的施工顺序，前一个施工过程完成后，后一个施工过程开始施工；或先按一定的施工顺序完成前一个施工段上的全部施工过程后再进行下一个施工段的施工，直到完成所有施工段上的作业。

（1）优点

1）单位时间内投入的劳动力、材料、机具资源量较少且较均衡，有利于资源供应的组织工作。

2）施工现场的组织、管理较简单。

（2）缺点

1）不能充分利用工作面去争取时间，工期长。

2）各专业班组不能连续工作，产生窝工现象（宜采用混合队组）。

3）不利于实现专业化施工，不利于改进工人的操作方法和施工机具，不利于提高劳动生产率和工程质量。

因此，依次施工一般适用于场地小、资源供应不足、工作面有限、工期不紧、规模较小的工程，如住宅小区非功能性的零星工程。依次施工适合组织大包队施工。

2. 平行施工（各队同时进行）

平行施工即组织几个相同的工作队（或班组），在各施工段上同时开工、齐头并进，并且同时完工的一种施工组织方式。

（1）优点：充分利用工作面，工期短。

（2）缺点

1）单位时间内投入施工的资源量成倍增长，资源供应集中，现场临时设施也相应增加。

2）不利于实现专业化施工队伍连续作业，不利于提高劳动生产率和工程质量。

3）施工现场组织、管理较复杂。

因此，平行施工的组织方式只有在拟建工程任务十分紧迫、工作面允许以及资源保证供应的条件下才适用，如抢险救灾工程。

3. 流水施工

流水施工是指将拟建工程项目的全部建造过程在工艺上分解为若干个施工过程（也就是划分为若干个工作性质相同的分部分项工程或工序），同时在平面上划分成若干个劳动量大致相等的施工段，在竖向上划分成若干个施工层。然后按照施工过程相应地组织若干个专业工作队（或班组），同一施工队按照一定的流向在各施工段上流动，不同的施工队按工艺顺序依次投入施工，并使相邻两个专业工作队在开工时间上最大限度地、合理地搭接起来，保证工程项目施工全过程在时间和空间上，有节奏、连续、均衡地进行下去，直到完成全部工程任务。流水施工具有以下特点。

（1）科学地利用工作面，工期较合理，能连续、均衡地生产；

（2）实现专业化施工，可使工人的操作技术熟练，更好地保证工作质量，提高劳动生产率；

（3）参与流水施工的专业工作队能够连续作业，相邻的专业工作队之间实现了最大限度的合理搭接；

（4）单位时间内投入施工的资源量较为均衡，有利于资源供应的组织工作；

（5）为文明施工和现场的科学管理创造了有利条件。

显然，采用流水施工的组织方式，能充分利用时间和空间，明显优于依次施工和平行施工。

（二）流水施工的技术经济效果

通过比较三种组织施工方式可以看出，流水施工是一种先进、科学的组织施工方式。

由于在工艺过程划分、时间安排和空间布置上进行统筹安排，使劳动力得以合理使用，使施工生产连续而均衡地进行，因此，流水施工体现出优越的技术经济效果，具体表现在以下几个方面。

（1）缩短工期。流水施工的节奏性、连续性，消除了各专业班组投入施工后的等待时间，可以加快各专业工作队的施工进度，减少时间间隔；充分利用时间与空间，在一定条件下相邻的两施工过程可以互相搭接，做到尽可能早地开始工作，从而可以大大缩短工期（一般工期可缩短 1/3～1/2）。

（2）由于流水施工方式建立了合理的劳动组织，工作班组实现了专业化生产，人员工种比较固定，为工人提高技术水平、改进操作方法以及革新生产工具创造了有利条件，因而促进了劳动生产率的不断提高和工人劳动条件的改善。

同时由于工人连续作业，没有窝工现象，机械闲置时间少，增加了有效劳动时间，从而使施工机械和劳动力的生产效率得以充分发挥（一般可提高劳动生产率30%以上）。

（3）施工质量更容易保证。正是由于实行了专业化生产，工人的技术水平及熟练程度不断提高，而且各专业工作队之间紧密地搭接作业，紧后工作队监督紧前工作队，从而使工程质量更容易得到保证和提高，便于推行全面质量管理工作，为创造优良工程提供了条件。

（4）资源供应均衡。在资源使用上，克服了高峰现象，供应比较均衡，有利于资源的采购、组织、存储、供应等工作。

（5）降低工程成本。流水施工方式下资源消耗均衡，便于组织资源供应，使资源存储合理，利用充分，可以减少各种不必要的损失，节约材料费；生产效率提高，可以减少用工量和施工临时设施的建造量，从而节约人工费和机械使用费，减少临时设施费；工期较短，可以减少企业管理费，最终达到降低工程成本、提高企业经济效益的目的（一般可降低成本 6%～12%）。值得强调的是，取得以上经济效益仅仅是改变了组织施工的方式。

三、组织流水施工需考虑的因素

（一）划分施工过程

把拟建工程的整个建造过程分解成若干个施工过程或工序，每个施工过程或工序分别由固定的专业班组来完成。例如，木工负责支模板，钢筋工负责绑扎钢筋，混凝土工负责混凝土的浇筑。

（二）划分施工段

根据组织流水施工的要求，将拟建工程在平面上尽可能地划分为劳动量大致相等的若干个施工作业面，也称为施工段。

（三）每个施工过程组织独立的施工班组

每个施工过程均应组织独立的施工班组，负责本施工过程的施工，每个班组按施工顺序依次、连续、均衡地从一个施工段转移到另一个施工段反复完成相同的工作。

（四）确定每一个施工过程在各施工段上的延续时间（流水节拍）

根据各施工段劳动量的大小及作业班组人数或机械数量等因素，计算各专业班组在各施工段上作业的延续时间。

（五）主要施工过程连续、均衡地施工

主要施工过程是指工程量大、施工持续时间较长的施工过程。对于主要施工过程，必须安排在各施工段之间连续施工，并尽可能均衡施工。而对于其他次要施工过程，可考虑与相邻的施工过程合并或安排合理的间断施工，以便缩短施工工期。

（六）相邻的施工过程按施工工艺要求，尽可能组织平行搭接施工

处理好各施工过程之间的关系，在工作面及相关条件允许的情况下，除必要的技术与组织间歇时间外，相邻的施工过程应最大限度地安排在不同的施工段上平行搭接施工，以达到缩短总工期的目的。

四、流水施工分类

流水施工的分类是组织流水施工的基础，其分类可按不同的流水特征来划分。

（一）按流水施工的组织范围划分

根据组织流水施工的工程对象范围的大小，流水施工可划分为分项工程流水施工、分部工程流水施工、单位工程流水施工和群体工程流水施工。其中，最重要的是分部工程流水施工，又叫专业流水，它是组织流水施工的基本方法。

1. 分项工程流水施工

分项工程流水施工也称细部流水施工或施工过程流水施工，它是在一个专业工种内部组织起来的流水施工，即一个工作队（组）依次在各施工段进行连续作业的施工方式。例如，安装模板的工作队依次在各施工段上连续完成模板工作。它是组织流水施工的基本单元。

2. 分部工程流水施工

分部工程流水施工又叫专业流水施工，它是在一个分部工程内部各分项工程之间组织起来的流水施工，即由若干个在工艺上密切联系的工作队（组）依次连续不断地在各施工段上重复完成各自的工作，直到所有工作队都经过了各施工段，完成所有过程为止。例如，钢筋混凝土工程由支模板、绑扎钢筋、浇筑混凝土三个分项工程组成，木工、钢筋工、混凝土工三个专业班组依次在各施工段上完成各自的工作。

3. 单位工程流水施工

单位工程流水施工是在一个单位工程内部各分部工程之间组织起来的流水施工，即所有专业班组依次在一个单位工程的各施工段上连续施工，直至完成该单位工程为止。一般来说，它由若干个分部工程流水施工组成。例如，多层全现浇钢筋混凝土框架结构房屋的土建部分施工是由基础分部工程流水施工、主体分部工程流水施工、围护分部工程流水施工和装饰分部工程流水施工等组成。

4. 群体工程流水施工

群体工程流水施工又叫综合流水施工，俗称大流水施工，它是在单位工程之间组织起来的流水施工，是指为了完成群体工程而组织起来的全部单位工程流水施工的总和，即所有工作队依次在工地上建筑群的各施工段上连续施工的总和。如一个住宅小区建设、一个工业厂区建设等所组织的流水施工中，由多个单位工程流水施工组合而成的流水施工方式。

以上四种流水施工方式中，分项工程流水施工和分部工程流水施工是流水施工的基本方式，而单位工

程流水施工和群体工程流水施工实际上是分部工程流水施工的推广应用，因此，应认真研究专业流水施工。

（二）按流水节拍的特征划分

根据流水节拍的特征，流水施工可划分为有节奏流水施工和无节奏流水施工。其中，有节奏流水施工又可分为等节奏流水施工（全等节拍流水施工）和异节奏流水施工（异节拍流水施工）。异节奏流水施工又可分为等步距异节奏流水施工和异步距异节奏流水施工两种。

第三节 网络计划技术

一、网络计划技术的基本原理

（1）把一项工程的全部建造过程分解成若干项工作，并按各项工作的开展顺序和相互制约关系，绘制成网络图。

（2）通过网络图各项时间参数的计算，找出关键工作、关键线路，计算工期。

（3）通过网络计划的优化，不断改进网络计划初始方案，找出最优方案。

（4）在网络计划执行过程中，对其进行有效的控制和监督，以最少的资源消耗，获得最大的经济效益。

二、网络计划控制

网络计划控制是指根据工程项目的控制目标，编制经济、合理的初始网络计划，检查项目的执行情况，若发现实际执行情况与计划不一致，应及时分析原因，并采取必要的措施对初始网络计划进行调整或修正的过程。

网络计划控制主要包括网络计划的检查和网络计划的调整两个方面。

（一）网络计划的检查

1. 一般规定

对网络计划进行检查与调整应依据进度计划的实施记录。进度计划的实施记录包括实际进度图、表，情况说明，统计数据。网络计划的检查应按统计周期的规定进行定期检查，还应根据需要进行不定期检查。定期检查周期的长短应视计划工期的长短和管理的需要确定，一般可以天、周、旬、月、季、年等为周期。不定期检查是指根据需要由检查人（或组织）确定的专项检查。在计划执行过程中，当突然出现意外情况时，也可进行"应急检查"，以便采取应急调整措施。上级认为有必要时，还可进行"特别检查"。

2. 网络计划的检查方法

网络计划的检查通常采用比较法，即将实际进度与计划进度进行比较。常用的比较方法包括横道图比较法、S曲线比较法、香蕉曲线比较法、前锋线比较法和列表比较法，这里主要介绍前锋线比较法。前锋线是指在原时标网络计划上，从检查时刻的时标点出发，用点画线依次连接各项工作实际进展位置点，最后到计划检查时的坐标点为止而成的折线。前锋线比较法是通过绘制某检查时刻工程项目实际进度前锋线，用前锋线与工作箭线交点位置来判定工程项目实际进度与计划进度的偏差，进而判定该偏差对后续工作及总工期影响程度的一种方法。它主要适用于时标网络计划及横道图进度计划。前锋线可用彩色笔标画，相邻的前锋线可采用不同的颜色。

采用前锋线比较法进行实际进度与计划进度的比较，其步骤如下。

（1）绘制时标网络计划图。工程项目实际进度前锋线是在时标网络计划图上标示的，为清楚起见，可在时标网络计划图的上方和下方各设一时间坐标。

（2）绘制实际进度前锋线。从时标网络计划图上方时间坐标的检查日期开始绘制，依次连接相邻工作实际进展位置点，最后与时标网络计划图下方时间坐标的检查日期相连接。

一般假设工程项目中各项工作均为匀速进展，根据实际进度检查时刻该工作已完成任务量占其计划完成总任务量的比例，在工作箭线上从左至右按相同的比例标定其实际进展位置点。

（3）进行实际进度与计划进度的比较。对某项工作来说，其实际进度与计划进度之间的关系可能存在以下三种情况。

1）工作实际进展位置点落在检查日期的左侧，表明该工作实际进度拖后，拖后的时间为两者之差；

2）工作实际进展位置点与检查日期重合，表明该工作实际进度与计划进度一致；

3）工作实际进展位置点落在检查日期的右侧，表明该工作实际进度超前，超前的时间为两者之差。

值得注意的是，以上比较是针对匀速进展的工作。对于非匀速进展的工作，比较方法较复杂，此处不再赘述。

（二）网络计划的调整

在工程项目施工过程中，实际进度与计划进度之间往往会出现偏差。有了偏差，就必须认真分析偏差产生的原因及其对后续工作和总工期的影响，必要时要采取合理、有效的进度计划调整措施，以确保进度总目标的实现。

1. 分析进度偏差产生的原因

通过比较，发现进度偏差时，必须深入现场进行调查，分析产生进度偏差的原因。影响工程项目进度的因素主要包括以下内容。

（1）工程决策阶段可研报告不可靠；

（2）工程建设相关单位之间缺少协调和信息沟通；

（3）物资、设备供应出现问题；

（4）资金不能及时到位；

（5）设计变更；

（6）施工阶段现场条件、周围环境变化；

（7）对各种风险因素估计不足；

（8）施工单位自身管理水平低等。

2. 分析进度偏差对后续工作及总工期的影响

通过实际进度与计划进度的比较确定进度偏差后，还可根据工作的自由时差和总时差预测该进度偏差对后续工作及项目总工期的影响，进一步分析和预测工程项目整体进度状况。分析步骤如下。

（1）分析出现进度偏差的工作是否为关键工作。如果出现进度偏差的工作为关键工作，则无论其偏差有多大，都将对后续工作和总工期产生影响，必须采取相应的调整措施；如果出现偏差的工作是非关键工作，则需要根据进度偏差值与总时差和自由时差的关系做进一步分析。

（2）分析进度偏差是否超过总时差。如果工作的进度偏差大于该工作的总时差，则此进度偏差必将影响后续工作和总工期，必须采取相应的调整措施；如果工作的进度偏差未超过该工作的总时差，则此进度偏差不影响总工期。至于对后续工作的影响程度，还需要根据偏差值与自由时差的关系做进一步分析。

（3）分析进度偏差是否超过自由时差。如果工作的进度偏差大于该工作的自由时差，则此进度偏差将对后续工作产生影响，此时应根据后续工作的限制条件确定调整方法；如果工作的进度偏差未超过该工作的自由时差，则此进度偏差不影响后续工作，原进度计划可以不做调整。

通过对进度偏差的分析，进度控制人员可以根据进度偏差的影响程度，制定相应的纠偏措施进行调整，以获得符合实际进度情况和计划目标的新进度计划。

3. 确定后续工作和总工期的限制条件

当出现的进度偏差影响后续工作或总工期而需要采取进度调整措施时，应当先确定可调整进度的范围，主要是指关键节点、后续工作的限制条件以及总工期允许变化的范围。这些限制条件往往与合同条件及相关政策有关，如合同规定的工期条件、材料供应方式、工程结算方式及相关政策、法律、规范改变等，需要认真分析后确定。

4. 调整施工进度计划

施工进度计划的调整方法包括以下内容。

（1）缩短某些工作的持续时间；

（2）改变某些工作间的逻辑关系；

（3）资源供应的调整；

（4）将部分任务转移等。

5. 施工进度控制的措施

施工进度控制采取的主要措施有组织措施、技术措施、合同措施、经济措施和信息管理措施等。

（1）组织措施

1）增加工作面，组织更多的施工队伍。

2）增加每天的施工时间（如采用三班制等）。

3）增加劳动力和施工机械的数量。

（2）技术措施

1）改进施工工艺和施工技术，缩短工艺、技术间歇时间。

2）采用更先进的施工方法，以减少施工过程的数量（如将现浇框架方案改为预制装配方案）。

3）采用更先进的施工机械。

（3）合同措施

具体是指与各分包单位所签订施工合同的分包合同工期必须与施工计划进度中相应的工期目标协调一致。

（4）经济措施

1）实行包干奖励。

2）提高奖金数额。

3）对所采取的技术措施给予相应的经济补偿。

（5）信息管理措施

具体是指不断地收集工程实际进度的有关资料和信息，进行整理统计，与计划进度相比较，定期向建设单位提供比较报告。

（6）其他配套措施

1）改善外部配合条件。

2）改善劳动条件。

3）实施强有力的调度等。

一般来说，不管采取哪种措施，都会增加费用。因此，在调整施工进度计划时，应利用费用优化的原理选择费用增加量最小的关键工作作为压缩对象。

6. 工程项目进度控制的总结

项目经理部应在进度计划完成后，及时进行工程进度控制总结，为进度控制提供反馈信息。主要包括以下内容。

（1）合同工期目标和计划工期目标完成情况；

（2）工程项目进度控制中存在的问题及原因分析；

（3）科学的工程进度计划方法应用情况；

（4）工程项目进度控制经验；

（5）工程项目进度控制的改进意见。

第四节　单位工程施工组织设计

一、单位工程施工组织设计的作用与任务

（一）单位工程施工组织设计的作用

（1）施工单位编制季度、月度、旬施工作业计划的依据；

（2）施工单位编制分部（分项）工程施工方案及劳动力、材料、机械设备等供应计划的主要依据；

（3）对落实施工准备，保证施工有组织、有计划、有秩序地进行，实现优质、低耗、快速的施工目标均起着重要作用；

（4）单位工程施工组织设计编制是否合理，对参加投标从而能否中标和取得良好的经济效益起着很大的作用。

（二）单位工程施工组织设计的任务

（1）贯彻施工组织总设计对该工程的规划精神；

（2）选择施工方法、施工机械，确定施工顺序；

（3）编制施工进度计划，确定各分部分项工程间的时间关系，保证工期目标的实现；

（4）确定各种物资、劳动力、机械的需要量计划，为施工准备、调度安排及布置现场提供依据；

（5）合理布置施工现场，充分利用空间，减少运输和暂设费用，保证施工顺利、安全地进行；

（6）制定实现质量目标、进度目标、成本目标和安全目标的具体措施，为施工管理提出技术和组织方面的指导性意见。

二、单位工程施工组织设计的编制依据

单位工程施工组织设计的编制应根据工程规模和复杂程度，主要依据以下几方面内容。

（1）工程承包合同。包括工程承包范围和内容，特别是施工合同中有关工期、施工技术条件、工程质量标准要求、对施工方案的选择和进度计划的安排有重要影响的条款。

（2）上级机关对工程的有关指示和要求，建设单位对工程的意图和要求等。包括上级主管单位对本工程的范围和内容的批文及招投标文件，建设单位提出的开工、竣工日期，质量要求，某些特殊施工技术的要求，采用何种先进技术，施工合同中规定的工程造价，工程价款的支付、结算方式及交工验收办法，材料、设备及技术资料供应计划等。

（3）建设场地的征购、拆迁等情况，施工许可证等前期工作完成情况。

（4）经过会审的施工图。包括全部施工图纸、会审记录和标准图等有关设计资料。

（5）施工现场的自然条件（场地条件及工程地质、水文地质、气象资料）和建筑环境、技术经济条件，包括工程地质勘察报告、地形图和工程测量控制网等，以及交通运输及原材料、劳动力、施工设备和机具等的市场价格情况。

（6）资源配备情况。例如，业主提供的临时房屋、水压、供水量、电压、供电量能否满足施工的要求；又如，原材料、劳动力、施工设备和机具、预制构件等的市场供应和来源情况。

（7）施工组织总设计（或建设单位）对本工程的工期、质量和成本控制的目标要求。

（8）承包单位年度施工计划对本工程开竣工的时间安排；施工企业年度生产计划对该工程规定的有关指标，设备安装对土建的要求，与其他项目的穿插施工的要求。

（9）工程预算、报价文件及有关定额。应有详细的分部分项工程量，必要时应有分层、分段或分部位的工程量，工程使用的预算定额及施工定额。

（10）国家现行有关方针、政策、法律、法规、规范、规程及标准等。

（11）工程施工协作单位的情况。例如，工程施工协作单位的资质、技术力量、设备进场安装时间等。

（12）类似工程的施工经验总结。

三、单位工程施工组织设计的内容

单位工程施工组织设计根据工程性质、规模、技术复杂难易程度不同，其编制内容的深度和广度也不尽相同。一般应包括以下内容。

（1）工程概况及施工特点分析；

（2）施工方案的拟订；

（3）单位工程施工进度计划表；

（4）单位工程施工准备工作及各项资源需要量计划；

（5）单位工程施工平面图；

（6）质量、安全、节约、环境及季节施工的技术组织保证措施；

（7）主要技术经济指标分析等。

四、单位工程施工组织管理措施

单位工程施工组织管理措施是指在技术和组织方面针对工程质量、安全、成本和文明施工所采用的方法和措施。在制定技术组织措施时，要针对单位工程施工的主要环节，结合工程具体情况和施工条件，依据有关的规章、规程及以往的施工经验进行。

（一）确保工程质量的技术组织措施

1. 组织措施

（1）建立质量保证体系，建立健全岗位责任制。明确质量目标及各级技术人员的职责范围，做到职责明确、各负其责。

（2）加强人员培训工作，加强技术管理，认真贯彻国家规定的施工质量验收规范及公司的各项质量管理制度。

（3）推行全面质量管理活动，开展质量红旗竞赛，制定奖优罚劣措施。

（4）认真搞好现场内业资料管理工作，做到工程技术资料真实、完整、及时。

（5）定期进行质量检查活动，召开质量分析会议，对影响质量的风险因素有识别管理办法和防范对策。

2. 技术措施

（1）确保工程定位放线、轴线尺寸、标高测量等准确无误的措施。

（2）确保地基承载力及各种基础、地下结构、地下防水、土方回填施工质量的措施。

（3）保证主体结构中关键部位质量的措施，以及复杂特殊工程的施工技术措施；重点解决大体积及高强混凝土施工、钢筋连接等质量难题。

（4）对新工艺、新材料、新技术和新结构的施工操作提出质量要求，并制定有针对性的技术措施。

（5）在屋面防水施工、各种装饰工程施工中，确保施工质量的技术措施；装饰工程推行样板间，经业主认可后再进行大面积施工。

（6）季节性施工的质量保证措施。

（7）工程施工中经常发生的质量通病的防治措施。

（8）加强原材料进场的质量检查和施工过程中的性能检测，不合格的材料不准使用。

（二）确保工期的技术组织措施

1. 组织措施

（1）建立进度控制目标体系，组织精干的、管理方法科学的进度控制班子，落实各层次进度控制人员和工作责任。

（2）建立保证工期的各项管理制度，如检查时间与方法、协调会议时间、参加人员等。

（3）定期召开工程例会，分析影响进度的因素，解决各种问题；对影响工期的风险因素有识别管理办法和防范对策。

（4）组织劳动竞赛，有节奏地掀起几次生产高潮，调动职工生产积极性，保证进度目标实现。

（5）合理安排季节性施工项目，组织流水作业，确保工期按时完成。

2. 技术措施

（1）采用新技术、新方法、新工艺，提高生产效率，加快施工进度。

（2）配备先进的机械设备，降低工人的劳动强度，既保证质量，又加快工程进度。

（3）规范操作程序，使施工操作能紧张有序地进行，避免返工和浪费，以加快施工进度。

（4）采取网络计划技术及科学管理方法，借助计算机对进度实施动态控制。一旦发生进度延误，能适时调整工作间的逻辑关系，保证进度目标实现。

（三）确保安全生产的技术组织措施

1. 组织措施

（1）明确安全目标，建立以项目经理为核心的安全保证体系；建立各级安全生产责任制，明确各级施工人员的安全职责，层层落实，责任到人。

（2）认真贯彻执行国家、行业、地区的安全法规、标准、规范和各专业安全技术操作规程，并制定本工程的安全管理制度。

（3）工人进场上岗前，必须进行上岗前安全教育和安全操作培训；加强安全施工宣传工作，使全体施工人员认识到"安全第一"的重要性，提高安全意识和自我保护能力，使每个职工自觉遵守安全操作规程，严格遵守各项安全生产管理制度。

（4）加强安全交底工作；施工班组要坚持每天开好班前会，针对施工中的安全问题及时提示。

（5）定期进行安全检查活动和召开安全生产分析会议，对不安全因素及时进行整改；对影响安全的风险因素（如操作者失误、操作对象的缺陷以及环境因素等导致的人身伤亡、财产损失和第三者责任等损失）有识别管理办法和防范对策。

（6）需要持证上岗的工种必须持证上岗。

2. 技术措施

（1）根据基坑深度和工程水文地质资料，保证土石方边坡稳定的措施。

（2）脚手架、吊篮、安全网、各类洞口防止人员坠落的措施。

（3）基坑降水、边坡支护、临时用电、模板搭拆、脚手架搭拆要编写专项施工方案。

（4）各种施工机械设备安全操作要求，外用电梯、井架及塔吊等垂直运输机具安拆要求、安全装置和防倾覆措施。

（5）针对新工艺、新技术、新材料、新结构，制定专门的施工安全技术措施。

第五节　施工组织总设计

一、施工部署

施工部署是在充分了解工程情况、施工条件和建设要求的基础上，对整个建设工程进行全面安排和解决工程施工中的重大问题的方案，是编制施工总进度计划的前提。施工部署重点要解决下述问题。

（1）确定主要单位工程的施工开展顺序和开工、竣工日期。一方面要满足上级规定的投产或投入使用的要求；另一方面要遵循一般的施工程序，如先地下后地上、先深后浅等。

（2）建立工程的指挥系统，划分各施工单位的工程任务和施工区段，明确主体项目和辅助项目的相互关系，明确土建施工、结构安装、设备安装等各项工作的相互配合等。

（3）明确施工准备工作的规划。如土地征用、居民迁移、障碍物清除、"三通一平"的分期施工任务及期限、测量控制网的建立、新材料和新技术的试制和试验、重要建筑机械和机具的申请和订货生产等。

（一）工程开展程序

根据建设项目总目标的要求，确定工程分期分批施工的合理开展程序。一些大型工业企业项目都是由许多工厂或车间组成的，在确定施工开展程序时，应主要考虑以下几点。

（1）在保证工期的前提下，实行分期分批建设，既可使各具体项目迅速建成，尽早投入使用，又可在全局上实现施工的连续性和均衡性，减少暂设工程数量，降低工程成本。至于分几期施工，各期工程包含哪些项目，应当根据业主要求、生产工艺的特点、工程规模大小和施工难易程度、资金、技术资源情况，由施工单位与业主共同研究确定。按照各工程项目的重要程度，应优先安排的工程项目包括以下几项。

1）按生产工艺要求，须先期投入生产或起主导作用的工程项目。

2）工程量大、施工难度大、工期长的项目。

3）运输系统、动力系统，如厂区内外道路、铁路和变电站等。

4）生产上需要先期使用的机修、车床、办公楼及部分家属宿舍等。

5）供施工使用的工程项目，如采沙（石）场、木材加工厂、各种构件加工厂、混凝土搅拌站等施工辅助企业及其他为施工服务的临时设施。

对于建设项目中工程量小、施工难度不大、周期较短而又不急于使用的辅助项目，可以考虑与主体工程相配合，作为平衡项目穿插在主体工程的施工中进行。

对于小型企业或大型企业的某一系统，由于工期较短或生产工艺要求，可不必分期分批建设，也可先建生产厂房，然后边生产边施工。

（2）所有工程项目均应按照先地下后地上、先深后浅、先干线后支线的原则进行安排。例如，地下管线和修筑道路的程序应该是先铺设管线，后在管线上修筑道路。

（3）要考虑季节对施工的影响。例如，大规模土方工程和深基础施工最好避开雨季；寒冷地区入冬以后，最好封闭房屋并转入室内作业和设备安装。

（二）主要项目的施工方案

施工组织总设计中要拟订主要项目的施工方案，这些项目通常是建设项目中工程量大、施工难度大、工期长，对整个建设项目的完成起关键作用的建筑物（或构筑物），以及全场范围内工程量大、影响全局的特殊分项工程。拟订主要项目的施工方案，目的是进行技术和资源的准备工作，同时也为了施工进程的顺利推进和现场的合理布置。其内容包括确定施工方法、施工工艺流程、施工机械设备等。对施工方法的确定要兼顾技术工艺的先进性和经济上的合理性；对施工机械的选择，应使主导施工机械的性能既能满足工程的需要，又能发挥其效能，在各个工程上能够实现综合流水作业，减少其拆、运的次数；对于辅助配套机械，其性能应与主导施工机械相适应，以充分发挥主导施工机械的工作效率。

主要工种工程是指工程量大，占用工期长，对工程质量、进度起关键作用的工程。在确定主要工种工程的施工方法时，应结合建设项目的特点和当地施工习惯，尽可能采用先进合理、切实可行的专业化、机械化施工方法。

施工组织总设计中所指的拟订主要项目施工方案与单位工程施工组织设计中要求的内容和深度是不同的，它只需原则性地提出施工方案，比如，采用何种施工方法；哪些构件采用现浇，哪些构件采用预制；是现场就地预制还是在构件预制厂加工生产；构件吊装时采用什么机械；准备采用什么新工艺、新技术等，即对涉及全局性的一些问题拟订施工方案。

（三）施工任务划分与组织安排

建设项目是一个庞大的体系，由具有不同功能的部分所组成，每部分又在构造、性质上存在差异；同时，项目不同，组成内容也各不相同。因此，在实施过程中不可能简单化、统一化，必须有针对性地分别对待每一项具体内容，由部分至整体地实现生产，这就产生了如何对建设项目进行具体划分的问题。

1. 工程项目结构分析

工程项目结构分析，即按照系统分析方法把由总目标和总任务所定义的项目分解开来，得到不同层次的项目单元（工程活动）。不同项目（规模、性质、工程范围不同）的分解结果差异很大，没有统一的分解方法，但有一些基本原则。

（1）按交付工程系统分解

①按照工程的系统功能分解。按照工程部分运行中所提供的产品或服务，把工程分解为独立的单项工程（如分厂、车间）；按照平面位置分解为楼或区段。

②按照专业要素分解为建筑、结构、水电、设备安装等。结构又可分为基础、主体框架、墙体、楼地面等；水电又可分为水、电、卫生设施；设备又可分为电梯、控制系统、通信系统、生产设备等。

（2）按施工项目过程分解

一般可将建设工程项目分解为实施准备（现场准备、技术准备、采购订货、制造、资源供应等）、施工、试生产、交工验收等。

在上述分解的基础上进行专业工程活动的进一步分解，如基础、主体、屋面、设备安装、装饰工程等。

2. 工程项目管理组织安排

在明确施工项目目标的条件下，合理安排工程项目管理组织，其目的是安排划分各参与施工单位的工作任务，明确总包与分包的关系，建立施工现场统一的组织领导机构及职能部门，明确各单位之间的分工与协作关系，按任务或职位制定一套合适的职位结构，以使项目人员能为实现项目目标而有效地工作。作为组织，要建立起适当的职位体系，就应制定切实的目标，明确权责范围，对各职位的主要任务、职责应有清楚的规定，而且还应明确与其他部门、人员的工作关系，以便相互协调。

在明确项目施工组织及各参与施工单位的工作任务后，划分施工阶段，确定各单位分期分批的主导项目和穿插项目。

（四）施工准备工作规划

施工准备工作的顺利完成是建筑施工任务的保证和前提，应根据施工开展程序和主要项目施工方案，从思想上、组织上、技术上、物资上、现场上全面规划施工项目全场性的施工准备工作。主要包括以下内容。

（1）安排好场内外运输、施工用主干道，水、电、气来源及其引入方案。

（2）安排场地平整方案和全场性排水、防洪。

（3）安排好生产和生活基地建设。包括商品混凝土搅拌站，钢筋、木材加工厂，金属结构制作加工厂、机修厂等。

（4）安排建筑材料、成品、半成品的货源和运输、储存方式。

（5）安排现场区域内的测量工作，设置永久性测量标志，为定位放线做好准备。

（6）编制新技术、新材料、新工艺、新结构的试制试验计划和职工技术培训计划。

（7）冬、雨季施工所需的特殊准备工作。

二、施工总进度计划

施工总进度计划是以建设项目或群体工程为对象，对全工地的所有工程施工活动提出的时间安排表。根据施工部署的要求，合理确定工程项目施工的先后顺序、开工和竣工日期、施工期限和它们之间的搭接关系。其作用在于确定各个施工对象及其主要工种工程、准备工作和全工地性工程的施工期限、开工和竣工日期，确定人力资源、材料、成品、半成品、施工机械的需要量和调配方案，为确定现场临时设施、水、电、交通的需要量和需要时间提供依据。因此，正确地编制施工总进度计划是保证各项目以及整个建设工程按期交付使用、充分发挥投资效益、降低建筑工程成本的重要条件。

（一）施工总进度计划的编制原则

（1）合理安排各单位工程的施工顺序，保证在劳动力、物资以及资源消耗量最少的情况下，按规定工期完成施工任务。

（2）把配套建设作为安排总进度计划的指导思想，充分发挥投资效益。在工业建设项目的内部，要处理好生产车间和辅助车间之间、原料与成品之间、动力设施和加工部门之间、生产性建筑和非生产性建筑之间的先后顺序，有意识地做好协调配套，形成完整的生产系统；在外部则有水源、电源、市政、交通、原料供应、"三废"处理等项目需要统筹安排。民用建筑也要解决好供水、供电、供暖、通信、市政、交通等工程，才能交付使用。

（3）区分各项工程的轻重缓急，分批开工，分批竣工，把工艺调试在前的、占用工期较长的、工程难度较大的项目排在前面，反之排在后面。所有单位工程，都要考虑土建、安装的交叉作业，组织流水施工，以加快进度、缩短工期。

（4）采取合理的施工组织方法，如可确定一些调剂项目（如办公楼、宿舍、附属或辅助车间等）穿插其中，以达到既能保证重点，又能实现连续、均衡施工的目的。

（5）节约施工费用，在年度投资额分配上应尽可能将投资额少的工程项目安排在最初年度内施工；投资额大的工程项目安排在最后年度内施工，以减少投资贷款的利息。

（6）充分考虑当地气候条件，尽可能减少冬、雨季施工的附加费用。例如，大规模土方和深基础施工应避开雨季，现浇混凝土结构应避开冬季，高空作业应避开风季等。

（7）总进度计划的安排还应遵守技术法规、标准，符合安全、文明施工的要求，并应尽可能做到各种资源的平衡。

（二）施工总进度计划的编制步骤

1. 列出工程项目一览表，计算工程量

施工总进度计划主要起控制总工期的作用，因此项目划分不宜过细，可按照确定的主要项目开展程序排列，一些附属项目、辅助工程及临时设施可以合并列出。

在工程项目一览表的基础上，计算各主要项目的实物工程量。工程量可按照初步（或扩大初步）设计图纸并根据各种定额手册进行计算。常用的定额资料有1万元、10万元投资工程量的劳动力及材料消耗扩大指标、概算指标或扩大结构定额等。在缺少上述几种定额手册的情况下，可采用标准设计或类似工程的资料，按比例估算工程量。

除房屋外，还必须计算主要的、全工地性工程的工程量，如场地平整、铁路、道路和地下管线的长度等，这些都可以根据建筑总平面图来计算。

2. 确定各单位工程的施工期限

单位工程的施工期限应根据建筑类型、结构特征、体积大小和现场地形、地质、环境条件以及施工单位的具体条件（施工技术与施工管理水平、机械化程度、劳动力水平和材料供应等）等因素加以确定。此外，也可参考有关的工期定额来确定各单位工程的施工期限。

3. 确定各单位工程的开工、竣工时间和相互搭接关系

根据施工部署及单位工程施工期限，就可以安排各单位工程的开工、竣工时间和相互搭接关系。

4. 编制施工总进度计划

施工总进度计划可以用横道图和网络图表达。由于施工总进度计划只是起控制性作用，而且施工条件复杂，因此项目划分不必过细。当用横道图表达施工总进度计划时，项目的排列可按施工总体方案所确定的工程开展程序排列横道图，还应表达出各施工项目开工、竣工时间及其施工持续时间。

近年来，随着网络计划技术的推广，采用网络图表达施工总进度计划，已经在实践中得到广泛应用。采用时间坐标网络图表达施工总进度计划，不仅比横道图更加直观明了，而且还可以表达出各施工项目之间的逻辑关系。同时，由于网络图可以应用计算机计算和输出，更便于对进度计划进行调整、优化，统计资源数量，输出图表等。

5. 施工总进度计划的调整和修正

施工总进度计划编制完后，尚需检查各单位工程的施工时间和施工顺序是否合理，总工期是否满足规定的要求，劳动力、材料及设备需要量是否出现较大的不均衡现象等。

利用资源需要量动态曲线分析项目资源需求量是否均衡，若曲线上存在较大的高峰或低谷，则表明在该时间里各种资源的需求量变化较大，需要调整和修正一些单位工程的施工速度或开工、竣工时间，增加或缩短某些分项工程（或施工项目）的施工持续时间，在施工允许的情况下，还可以改变施工方法和施工组织，以便消除高峰或低谷，使各个时期的资源需求尽量达到均衡。

三、施工总平面图

施工总平面图是拟建项目在施工现场的总布置图。它是按照施工部署、施工方案和施工总进度计划

的要求，将施工现场的交通道路、材料仓库、附属生产或加工企业、临时建筑和临时水、电管线等进行合理的规划和布置，并以图纸的形式表达出来，从而正确处理工地施工期间所需各项设施与永久建筑以及拟建工程之间的空间关系，对指导现场进行有组织、有计划的文明施工具有重大意义。施工总平面图的比例一般为1∶1000或1∶2000。

（一）施工总平面图的设计依据

施工总平面图的设计，应力求真实、详细地反映施工现场情况，以期达到便于对施工现场进行控制和经济上合理的目的，为此，掌握以下资料是十分必要的。

（1）各种设计资料，包括建筑总平面图、地形地貌图、区域规划图及建筑项目范围内有关的一切已有和拟建的各种设施位置。

（2）建设地区的自然条件和技术经济条件。

（3）建设项目的建筑概况、施工部署、施工总进度计划。

（4）各种建筑材料、构件、半成品、施工机械及运输工具需要量一览表，以便规划工地内部的储放场地和运输线路。

（5）各构件加工厂、仓库及其他临时设施的数量和外廓尺寸。

（6）其他施工组织设计参考资料。

（二）施工总平面图的设计原则

（1）在保证顺利施工的前提下，尽量使平面布置紧凑、合理，不占或少占农田，不挤占道路。

（2）合理布置各种仓库、机械、加工厂的位置，减少场内运输距离，尽可能避免二次搬运，减少运输费用，保证运输方便、通畅。

（3）施工区域的划分和场地确定，要符合施工流程要求，尽量减少各专业工种和各分包单位之间的干扰。

（4）充分利用各种永久性建筑物、构筑物和原有设施为施工服务，降低临时设施的费用。临时建筑尽量采用可拆移式结构。

（5）各种临时设施的布置应有利于生产和方便生活。

（6）应满足劳动保护、安全防火、防洪及环境保护的要求，符合国家有关的规程和规范。

（7）施工总平面图规划时应标清楚新开工和二次开工的建筑物，以便按程序进行施工。

（三）施工总平面图的设计内容

（1）整个建设项目施工用地范围内一切地上和地下已有和拟建的建筑物、构筑物、道路、管线以及其他设施的位置和尺寸。

（2）一切为全工地施工服务的临时设施的布置，包括施工用各种道路、加工厂、制备站及有关机械的位置；各种建筑材料、半成品、构件的仓库和主要堆场；取土及弃土位置；行政管理用房、宿舍、文化生活和福利建筑等；水源、电源、临时给排水管线和供电、动力线路及设施；机械站、车库位置；一切安全防火设施等。

（3）永久性测量及半永久性测量放线桩标桩位置。

（4）特殊图例、方向标志和比例尺等。

大型工程的建设工期较长，随着工程的不断推进，施工现场布置也将不断发生变化。因此，需要按照不同阶段分别绘制若干张施工总平面图，以满足不同时期施工需要。

（四）施工总平面图的设计步骤

施工总平面图的设计步骤为：引入场外交通道路→布置仓库与材料堆场→布置加工厂和混凝土搅拌

站→布置工地内部运输道路→布置临时设施→布置临时水、电管网和其他动力设施→布置消防、保安及文明施工设施→绘制正式施工总平面图。

1. 引入场外交通道路

设计全工地性施工总平面图时，应从考虑大宗材料、成品、半成品、设备等进入工地的运输方式入手。当大批材料是由铁路运来时，要解决铁路的引入问题；当大批材料是由水路运来时，应考虑原有码头的运用和是否增设专用码头的问题；当大批材料是由公路运来时，由于汽车线路可以灵活布置，一般先布置场内仓库和加工厂，然后再引入场外交通道路。

当场外运输主要采用铁路运输方式时，要考虑铁路的转弯半径和坡度的限制，确定起点和进场位置。对拟建永久性铁路的大型工业企业工地，一般可提前修建永久性铁路专用线。铁路专用线宜由工地的一侧或两侧引入，以便更好地为施工服务。例如，将铁路铺入工地中部，将严重影响工地的内部运输，对施工不利。只有在大型工地划分成若干个施工区域时，才宜考虑将铁路引入工地中部的方案。

当场外运输主要采用水路运输方式时，应充分运用原有码头的吞吐能力。如需增设码头，卸货码头应不少于两个，码头宽度应大于 2.5 m。如工地靠近水路，可将场内主要仓库和加工厂布置在码头附近。

当场外运输主要采用公路运输方式时，由于公路布置较灵活，一般先将仓库、加工厂等生产性临时设施布置在最经济合理的地方，再布置通向场外的公路。

2. 布置仓库与材料堆场

通常考虑将仓库与材料堆场设置在运输方便、位置适中、运距较短并且安全防火的地方，并应根据不同材料、设备和运输方式来设置。

当采用铁路运输方式时，仓库通常沿铁路线布置，并且要留有足够的装卸前线。如果没有足够的装卸前线，必须在附近设置转运仓库。布置铁路沿线仓库时，应将仓库设置在靠近工地一侧，以免内部运输跨越铁路，同时仓库不宜设置在弯道处或坡道上。

当采用水路运输方式时，一般应在码头附近设置转运仓库，以缩短船只在码头上的停留时间。当采用公路运输方式时，仓库的布置较灵活。一般中心仓库布置在工地中央或靠近使用的地方，也可以布置在靠近外部交通连接处，同时也要考虑给单个建筑物施工时留有余地。沙、石、水泥、石灰、木材等仓库或堆场，应考虑取用方便，宜布置在搅拌站、预制构件和木材加工厂附近。对于砖、瓦和预制构件等直接使用的材料，应该直接布置在施工对象附近，以免二次搬运。工具库应布置在加工区与施工区之间交通方便处，零星、小件、专用工具库可分设于各施工区段。车库、机械站应布置在现场的入口处。油料、氧气、电石、炸药库应布置在边远、人少的安全地点，易燃、有毒材料库要设于拟建工程的下风向。

对工业建筑工地，尚需考虑主要设备的仓库或堆场，一般笨重设备应尽可能放在车间附近，其他设备仓库可布置在外围或其他空地上。

3. 布置加工厂和混凝土搅拌站

各种加工厂的布置，应以方便使用、安全防火、运输费用少、不影响建筑安装工程施工的正常进行为原则。此外，尚需照顾到生产企业有最好的工作条件，使其生产与建筑安装工程的施工不会互相干扰，并要考虑其将来的扩建和发展。

预制构件加工厂尽量利用建设地区永久性加工厂。只有当其生产能力不能满足工程需要或运输困难时，才考虑在建设场地中的空闲地带上设置临时预制构件加工厂。

钢筋加工厂可集中或分散布置，视工地具体情况而定。对于需冷加工、对焊、点焊的钢筋骨架和大片钢筋网，宜集中布置在中心加工厂；对于小型加工、小批量生产和利用简单机具就能成型的钢筋加工，采用就近的钢筋加工棚进行。钢筋宜布置在地势较高处或架空布置，避免雨季积水污染、锈蚀钢筋。

木材加工厂设置与否，是集中设置还是分散设置以及设置规模，应视建设地区内有无可供利用的木材加工厂而定。例如，建设地区无可利用的木材加工厂，而锯材、标准门窗、标准模板等加工量又很大，则集中布置木材联合加工厂为宜。对于非标准件的加工与模板修理工作等，可分散在工地附近设置临时工棚进行加工。木工加工厂的原木、锯材堆场应靠近铁路、公路或水路沿线。锯木、成材、粗木加工车间、细木加工车间和成品堆场要按工艺流程布置，且宜设置在土建施工区边缘的下风向位置。

产生有害气体和污染空气的临时加工厂，如沥青熬制、生石灰熟化、石棉加工厂等应位于下风向。

一般的工程项目，大多使用商品混凝土，现场不设搅拌站，只要考虑城市商品混凝土搅拌站的供应能力和输送设备能否满足，及时做好订货联系即可。对大型工程项目，或零星混凝土工程，或因为某种原因（如交通不便）不能使用商品混凝土的项目，工地有时也设置混凝土搅拌站（最好用电子计算机控制配料），其布置有集中、分散、集中与分散相结合三种方式。当运输条件较好时，采用集中布置较好；当运输条件较差时，则以分散布置在使用地点或塔吊等附近为宜。一般当沙、石等材料由铁路或水路运入，而且现场有足够的混凝土输送设备时，宜采用集中布置。除此之外，还可采用集中与分散相结合的方式。砂浆搅拌站多采用分散就近布置。

另外，最好将加工厂与相应的仓库或材料堆场布置在同一地区，且多处于工地边缘，这样既便于管理和简化供应工作，又能降低铺设道路、动力管网及给水管道等费用。例如，将混凝土搅拌站、预制构件加工厂、钢筋加工厂等布置在一个地区；将机械加工场、电气工场、锻工工场、电焊工场以及金属结构加工厂等布置在一个地区。在生产区域内布置各加工厂的位置时，要注意各加工厂之间的生产流程，并根据将来的扩充计划，预留一定的空地。

4. 布置工地内部运输道路

工地内部运输道路，应根据各加工厂、仓库及各施工对象的相对位置来布置，并研究货物周转运行图，以明确各段道路的运输负担，从而区分主要道路和次要道路。规划道路时要特别注意满足运输车辆的安全行驶，在任何情况下都不会形成交通断绝或阻塞。在规划时，还应考虑充分利用拟建的永久性道路系统，提前修整路基及简易路面，作为施工所需的临时道路。道路应有足够的宽度和转弯半径，场内道路干线应采用环形布置，主要道路宜采用双车道，次要道路可为单车道（其末端要设置回车场地）。临时道路的路面结构，也应根据运输情况、运输工具和使用条件的不同，采用不同的结构。一般场外与省、市公路相连的干线，宜建成混凝土路面；场区内的干线，宜采用级配碎石路面；场内支线一般为土路或沙石路。当结构不同时，最好能在施工总平面图中用不同的符号标明。对有轨道路来讲，运输量大、车辆往来频繁之处应考虑设置避车线。

此外，在规划道路时，还应尽量考虑避免穿越池塘河滨，减少土方工程量。

5. 布置临时设施

各种生活与行政管理用房应尽量利用建设单位的生活基地或现场附近的其他永久性建筑，不足部分另行修建临时建筑物。临时建筑物的设计，应遵循经济、适用、装拆方便的原则，并根据当地的气候条件、工期长短确定其建筑与结构形式。

一般全工地性行政管理用房宜设在全工地入口处，以便对外联系，也可设在工地中部，便于全工地管理。工人用的福利设施应设置在工人较集中的地方或工人必经之处。生活基地应设在场外，距工地500~1000 m为宜，并避免设在低洼潮湿、有烟尘和有害健康的地方。食堂宜设在生活区，也可布置在工地与生活区之间。

6. 布置临时水、电管网及其他动力设施

应尽量利用已有的和提前修建的永久线路，若必须设置临时线路，应取最短线路，同时注意以下几点。

（1）临时总变电站应设在高压线进入工地处，避免高压线穿过工地。

（2）临时自备发电设备应设在现场中心，或靠近主要用电区域。

（3）临时水池、水塔应设在用水中心和地势较高处。

（4）管网一般沿道路布置，供电线路应避免与其他管道设在同一侧，主要供水、供电管线采用环状，孤立点可用枝状。

（5）管线穿过道路处均要套钢管，例如，一般电线套用直径 50~80 mm 钢管，电缆套用直径 100 mm 钢管，并埋入地下 0.6 m 处。

（6）过冬的临时水管必须埋在冰冻线以下，或采取保温措施。

（7）消防站、消火栓的布置要满足消防规定。

（8）施工场地必须有畅通的排水系统，场地排水坡度应不小于 3‰，并沿道路边设立排水管（沟）等，其纵坡不小于 2‰，过路处须设涵管。在山地建设时还须考虑防洪设施；在市区施工，应该设置污水沉淀池，以保证排水达到城市污水排放标准。

（9）场外管线的布置应尽可能避免穿过农田。

7. 布置消防、保安及文明施工设施

按照防火要求，工地应该在易燃建（构）筑物附近设立消防站，并必须有畅通的出入口和消防通道（应在布置运输道路时同时考虑），其宽度不得小于 6 m。同时应沿着道路设置消火栓，一般要求消火栓距离建筑物不应小于 5 m，也不应大于 25 m，距离邻近道路边缘不应大于 2 m，消火栓间距不大于 120 m。在工地出入口处设立保安门岗，必要时可以在工地四周设立若干瞭望台。应当指出，上述各设计步骤不是截然分开、各自孤立地进行的，而是需要全面分析，综合考虑，正确处理各项设计内容间的相互联系和相互制约关系，进行多方案比较，反复修正，最后才能得出合理可行的方案。

（五）施工总平面图的绘制

施工总平面图是施工组织总设计的重要内容，是要归入档案的技术文件之一。因此，要求精心设计，认真绘制。绘制步骤如下。

（1）确定图幅大小和绘图比例。图幅大小和绘图比例应根据工地大小及布置内容多少来确定。图幅一般可选用 1 号图纸（840 mm×594 mm）或 2 号图纸（594 mm×420 mm），比例一般采用 1：1000 或 1：2000。

（2）合理规划和设计图面。施工总平面图，除了要反映现场的布置内容外，还要反映周围环境和面貌（如已有建筑物、场外道路等）。故绘图时，应合理规划和设计图面，并应留出一定的空余图面绘制指北针、图例及文字说明等。

（3）绘制建筑总平面图的有关内容。将现场测量的方格网、现场内外已建的房屋、构筑物、道路和拟建工程等，按正确的图例绘制在图面上。

（4）绘制工地需要的临时设施。根据布置要求及面积计算，将道路、仓库、加工厂和水、电管网等临时设施绘制在图面上。对于复杂的工程必要时可采用模型布置。

（5）形成施工总平面图。在进行各项布置后，经分析比较、调整修改，形成施工总平面图，并做必要的文字说明，标上图例、比例、指北针。

完成的施工总平面图比例要准确，图例要规范，线条粗细分明，字迹端正，图面整洁、美观。

（六）施工总平面图的科学管理

施工总平面图设计完成后，应认真贯彻其设计意图，发挥其应有作用。因此，现场对施工总平面图的科学管理是非常重要的，主要包括以下内容。

（1）建立统一的施工总平面图管理制度。划分施工总平面图的使用管理范围，做到责任到人，严格控制各种材料、构件、机具等物资占用的位置、时间和面积，禁止乱堆乱放。

（2）对施工总平面布置实行动态管理，定期对现场平面进行实录、复核，修正不合理的地方，定期召开总平面执行检查会议，奖优罚劣，协调各单位关系。

（3）对水源、电源、交通等公共项目实行统一管理。不得随意挖路断道，不得擅自拆迁建筑物和水电线路，当工程需要断水、断电、断路时要申请，经批准后方可着手进行。

（4）做好现场的清理和维护工作，经常性检修各种临时设施，明确负责部门和人员。

四、某地铁车辆基地施工总平面图设计

施工总平面图是指导现场施工的总体布置图，它把各种生产生活设施和其他辅助设备的布置集结在一张总图上，其不仅可以处理施工地区之间的各种关系，还是准备施工工作的重要依据，更是现场操作人员有迹可循、有条不紊地进行安全文明建设的基础条件。

近年来，对施工总平面布置的研究大多集中于大型房建工程及厂房工程，很少有针对地铁车辆基地工程，对施工总平面布置进行深入研究的。本节根据地铁车辆基地建设占地广、工程投资大、单体建筑多、专业接口多的特点，对其施工总平面图的合理规划布置核心要点进行分析，以期为类似工程的施工总平面图设计提供参考与借鉴。

（一）工程概况

1. 施工总平面图单体概况

以长沙轨道交通某车辆基地为例，对其施工总平面布置方案进行分析研究。本工程位于长沙市人民路南侧、龙华路北侧、东六线西侧与东五路所夹地块内，用地面积约为 36.02 hm²，总建筑占地面积约为 110251 m²，总建筑面积约为 150443 m²，主要建（构）筑物有联合检修库、停车列检库、办公楼、物资总库及材料棚、污水处理站、派出所、公寓、食堂等单体，主要单体建筑设计概况如表 3-1 所示。

表 3-1 主要单体建筑设计概况

单体建筑物	层数	高度（m）	建筑面积（m²）	结构形式
联合检修库	主库 1 层 辅房 3 层	14.7	46363.44	钢架结构 钢筋混凝土框架结构
停车列检库	主库 1 层 辅房 2 层	10.05 9.3	48684.13	钢排架结构 框架结构
办公楼	11 层	44.44	22870.7	框架剪力墙结构
物资总库	主库 1 层 辅房 2 层	15.4	5110.98	钢架结构 钢筋混凝土框架结构
材料棚	1 层	10.18	882.45	门式钢架结构
污水处理站	1 层	7.1	203.94	钢筋混凝土框架结构
派出所	4 层	15.75	3095.16	钢筋混凝土框架结构
公寓	7 层	23.8	6530.23	钢筋混凝土框架结构
食堂	3 层	14.45	2497.44	框架结构 网架结构

2. 临建办公区及生活区的布置

布置临建办公区及生活区应考虑的因素如下：①选定的区域不影响后续单体的施工；②选定的区域接水、引电方便，并且经济合理；③选定的区域方便施工及管理；④选定的区域面积满足施工需求；⑤选定的区域生活垃圾、污水排放方便，有就近排污接浊点。综上所述，该工程施工所需的临时办公区和生活区选定在预留消防用地，该区域面积约为 8000 m²，满足施工高峰期办公、生活所需的场地要求；并且此地单体建筑集中，离综合楼、食堂等单体较近，方便施工和管理。该区域作为临建办公区及生活区，不占用其他单体的建筑用地，也不影响场地内的正常施工，避免了另择他地，减免了审批程序，在一定程度上缩短了施工周期并减少了建设成本。施工总平面图如图 3-2 所示。

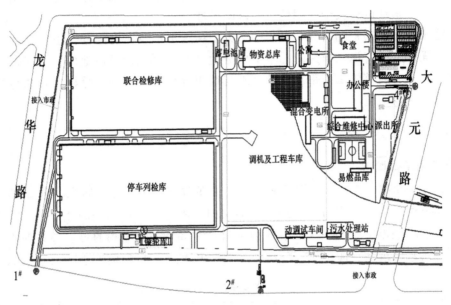

图 3-2 施工总平面图

（二）现场施工道路永临结合布置

1. 站场道路概况

（1）站场道路设计荷载采用公路 II 级标准，公路设计年限与城市轨道交通设计年限均为 25 年。

（2）车辆基地场地内道路分为主干道和次要道两种，宽度分别为 7.0 m 双车道和 4.0 m 单车道。为了满足大型车辆的通过要求，道路净空不小于 5.0 m。

（3）车辆基地内道路设置与主要单体结构、临建设施的位置相结合，以路包围建筑呈环形布置，以便于设备设施的运输和满足消防要求。

（4）站场道路均采用沥青混凝土路面。

（5）车辆基地出入口及综合办公楼周边的主干道，来往行人比较多，如果采用混合交通，会影响行人的安全。因此考虑在道路一侧设置宽度合适的人行道。基于满足双人同向并行和单人对向通行的要求考虑，建议按 1.5 m 设置；有充足用地的情况下，可按 2.0 m 设置。

（6）道路的路肩是从车道的外边缘到路基的边缘，是具有恒定宽度的皮带结构。带有侧沟的道路必须具有路肩，并分为两种类型：土路肩和硬路肩。路肩主要供行人和自行车通行，同时为其他设施（护栏、绿化、电杆、地下管线等）提供设置场地，应在满足功能要求的条件下，尽量采用较窄宽度的原则设计路肩宽度，场段内道路路肩一般取 0.5 m，因人行、立柱、植树等特殊需要，可适当加宽。

（7）现场交通道路设置不当会导致施工现场混乱，施工的正常程序被扰乱，并使部分工作处于停滞状态。同时，使操作员处于被动状态，导致产量减少、效率降低。该项目场地范围大、作业面广，包括综合楼、公寓、食堂等施工单体，施工期仅为731天，这对现场施工管理机构、临时道路规划和临时设施布置提出了很高的要求。因此，在项目规划的早期阶段，有必要优化临时性道路和永久性道路的组合，最大限度地减少不必要的工作，缩短工期并降低施工成本；同时，临时道路的加固和施工道路的永临结合是绿色建设的一部分，符合"五节一环保"的绿色建设要求。永临道路工程分布及部署如图3-3所示（A1~A4、B1~B4分别表示对停车列检库和联合检修库的区域划分）。

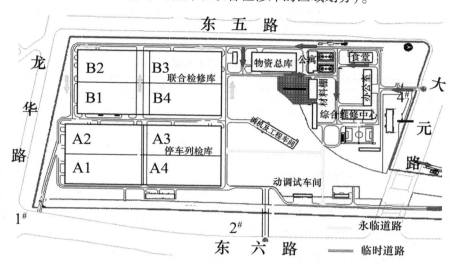

图3-3　永临道路工程分布及部署

2. 道路永临结合经济效益和社会效益分析

原方案是临时道路方案，优化方案是永临结合的方案。两种方案效益对比如表3-2所示。

表3-2　两种方案效益对比

项目	原方案	优化方案
工期	土基层、水稳层及沥青面层均在主体及装饰装修完成后施工，路基及水稳层的施工工期受天气影响较大	土基层、水稳层及混凝土基层可提前施工，沥青面层在主体及装饰装修完成后一次施工完成，可节约工期45天
安全管理	无法按照永临结合进行施工，现场便道主要采用4.5 m混凝土路面，次要道路采用碎石路面。施工便道后期产生的混凝土渣量大，不满足绿色施工要求	根据文件要求，该工程为重点迎检工地，迎检频次高，拟评选"湖南省安全质量标准化示范工地"，采用混凝土基层作为临时道路可有效提高本工程现场施工形象，有效控制道路扬尘，满足"蓝天办"文明施工要求
质量	碎石便道在施工过程中需定期进行修理，便道质量相对较差	采用混凝土路面施工，耐久性、耐腐蚀性好

将该工程原方案与优化方案进行经济造价对比，经计算后可知：优化方案比原方案节省约200万元造价费用。优化方案施工周期短、效率高，与原方案相比，能够节省1/4以上的施工周期，从而帮助实现节能节材、环保和生态施工。建设后期不再重复破坏已建道路，避免产生多余的建筑垃圾。从造价与工期、安全文明施工、质量等角度进行对比，永临道路的运用性价比较高。施工道路的永久性和临时性结合不仅是对国家建筑节能要求的回应，还是绿色建筑和文明建筑的一种改进应用。

（三）垂直运输机械设备的选择及位置布置

应根据现场施工的实际情况选择合理的机械设备，并将其布置在正确合理的位置。这一步十分重要，不仅可以方便施工管理，也可以节约造价经费。

1. 塔吊和汽车吊的选择

根据现场单体的布局，在单体建筑布局密集的区域优先选择塔吊作为垂直运输机械。联合检修库和停车列检库的结构形式以钢结构为主，建筑高度较低，并且单体建筑面积大，如用塔吊式起重机，则一场地需要多台，既占用了施工面积，也大大提高了造价，因此选择经济合适的移动式汽车吊。

2. 塔吊选型及定位

塔吊选型应考虑的因素如下：①塔吊的主要参数（起升高度、工作幅度、起重量和起重力矩）满足施工需要；②综合考虑后，择优选用性能好、功效高和费用低的塔吊。各单体建筑物层高如表 3-3 所示。

表 3-3　各单体建筑物层高

单体名称	层数	建筑顶标高（m）	屋面形式
办公楼	地下 1 层，地上 11 层	44.44	平屋顶
综合维修中心	1 层	8.1	平屋顶
派出所	4 层	15.75	平屋顶
物资总库	主跨 1 层，辅跨 2 层	15.4	平屋顶
公寓	7 层	23.8	平屋顶
材料棚	1 层	10.18	平屋顶

该工程布置 2 台 TC6012 外附式塔吊，每台塔吊都达到一机多用的效果；1#塔吊主要用于办公楼、综合维修中心、派出所施工过程中的材料水平运输和垂直运输。2#塔吊主要用于物资总库、公寓、材料棚施工过程中的材料水平运输和垂直运输。塔吊布置位置及作业半径平面如图 3-4 所示。

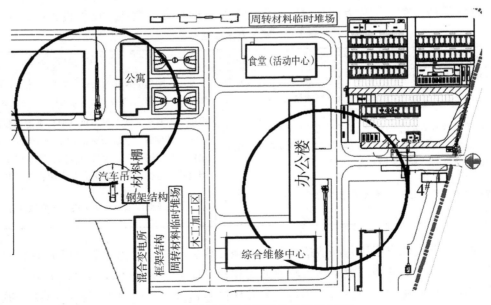

图 3-4　塔吊布置位置及作业半径平面

（四）出入口的设置

（1）施工现场与建筑工地外的道路不畅通，在考虑大量物料的频繁运输时，选择合理的切入点很重要，这样可以降低运输成本，减少所用时间，提高生产效率。一般来说，施工现场应至少有两个闸门，闸门的设置应考虑外部道路网的情况，包括转弯半径、斜坡方向和主要城市道路的通行量。大门的高度和宽度也需要满足车辆运输要求。

（2）该工程结合单体布局及外网的交通线路，由于项目占地面积广，共设置4个出入口，作为管理人员、施工人员和材料的进出口：项目沿南北方向纵深较长，在项目东侧次干道东六线上依次设置两个大门；在项目北侧的大元路上设置一个大门，供工程车辆出入；在邻近生活区的道路上设置一个大门，方便工人进出工地，出入口设置门卫室和洗车槽（洗车槽旁设沉淀池），门口双向车道一进一出，防止堵塞，大门处设地磅，现场工地及临建出入口全部设置视频监控系统。

本节进行了施工总平面图的分析与研究，通过从办公区域、生活区域的布局、场区道路的设计、机械设备的选择和出入口的设置等方面进行研究，得出了科学合理的布局和管理施工总平面图的方式和方法，可以使施工现场井然有序，降低施工成本，提高生产效率。

第四章　建筑工程施工管理

第一节　成本管理

一、建筑工程经济成本管理

建筑工程的蓬勃发展推动我国经济水平得到了显著提升，同时也为我国其他行业的发展营造了更好的社会环境。在市场竞争的浪潮中，有效控制经济成本对建筑工程施工方和业主单位来说十分迫切，因此，本节着力探讨建筑工程经济成本的有效管理措施。从建筑工程经济成本管理现状来看，影响因素多，必须要树立强烈的成本控制意识，进一步完善各部门管理机制和运营体系，加强成本控制和管理工作，促进我国施工企业和单位在未来获得更稳定的发展。建筑行业目前在我国得到了蓬勃发展，相关运营体系也变得更加成熟和完善，是我国国民经济的支柱产业之一，与人们的日常生活息息相关。与此同时，建筑工程项目的实施也在业界引起了广泛的关注，建设单位和企业对于建筑工程项目的经济成本控制高度重视，着力采取更加高效的成本管控措施，解决目前管理工作中所出现的漏洞和问题，加强建筑工程经济成本的控制和管理，有助于增强施工企业和单位的核心竞争力。

（一）进行建筑工程经济成本管理的意义

1. 提升企业竞争力

在建筑行业迅猛发展的同时，建筑企业之间的竞争也愈加激烈，建筑企业要想在激烈的建筑行业市场竞争中长期处于竞争优势，就必须注重工程项目的成本管理和控制。通过采用科学的管理手段实现对工程项目经济成本的有效控制，能够确保工程项目按照施工计划按时保质保量地完成，从而确保工程项目和企业的经济效益最大化。在建筑工程项目全过程中采用科学的成本管理措施，能够实现开源节流的目的，能够确保施工企业在保证质量和施工进度的前提下安全生产施工，确保企业能够通过投入最低的成本获得最大的经济效益及社会效益。现代建筑企业必须采用科学合理的成本管理措施才能不断提升自身市场竞争力，以此确保企业获得良好的企业形象及社会形象，为建筑企业长远稳定发展打下坚实基础。

2. 确保责任制的具体实施落实

当前社会经济发展背景下，建筑工程项目施工管理愈加受到企业的重视，更是现代建筑企业管理的核心任务。为此，建筑企业在开展工程项目的过程中必须对全体参与人员强调成本管理的重要性，提升其成本管理意识。对所有相关部门人员实行经济责任制，确保各项工作的具体开展和落实，进一步明确各岗位、各部门及相关工作管理和施工人员的责任，同时加强对工程项目具体实施过程中每个环节的成本管理和控制，并运用一揽子行之有效的绩效考核机制激发参与工程项目人员的工作积极性和团队归属感。建筑企业通过科学的成本管理和控制措施，能够给工程项目管理绩效考核提供科学客观的参考依据，同时可以切实提升建筑工程项目施工质量及管理水平。

3. 保证工程项目的经济效益

在激烈的市场竞争下，建筑企业必须采用科学合理的管理手段，才能确保企业的长久稳步发展。企业应增强自身的实力，使其在实际经营的过程中获得更好的经济效益。首先，在保证施工质量的情况下控制施工成本是提高经济效益的关键，以低取优是证明企业施工技术水平较高的具体体现，在彰显企业高竞争力的同时反映出建筑工程项目成本管理的真实水平。其次，保证工程项目的经济效益也是建筑企业运营和管理的主要目标，经理部作为建筑工程项目成本管理的基本组织，在进行成本管理的实际过程中，主要根据实践经验以及相关的专业理论来进行管理，根据不同的原因采取不同的管理方法以达到降低资金消耗的目的，也是通过这种方式为企业节约成本消耗，进而保证企业的经济效益得到提升。成本管理工作是企业获取经济效益最基本的途径，也决定了企业最后获取的经济效益的多少，对成本进行有效控制、节约资金投入、避免浪费是其最主要的内容。

4. 实时体现项目运营情况

依据目前市场经济的基本形势来看，提高施工企业竞争力的关键在于能否在企业内部采用行之有效的管理措施，并将这些措施具体落实到各项管理工作中，以此确保企业在具体运营管理过程中获得较多的经济效益，建筑企业工程项目管理成本控制就是其中的核心工作。通过合理地控制成本，在降低成本投入的同时又能保证施工质量和进度，不但反映了施工技术水平，同时也是成本管理水平的切实体现，直接体现了建筑企业自身的竞争力和运营情况。现代建筑企业通过科学的成本管理措施实现经济效益最大化，就是对企业自身管理水平的考验，通过投入较低的资金获得较大的经济效益，并保证工程质量达到用户的标准和要求，充分体现了建筑企业的运营情况和管理水准。

（二）影响建筑工程经济成本控制的因素

在整个建筑工程项目实施的过程中，成本控制受到许多方面因素的影响，其中就包括工程施工前期的费用、建设施工过程中的费用、项目管理的费用以及相关税金，这些因素构成了整个工程经济成本费用的总和，在开展建筑工程经济成本管理工作之前，必须明确影响经济成本的因素。

1. 价格因素分析

建筑工程在整个项目实施的过程中，十分容易受到经济成本价格因素的影响，其中包括工程的经济成本、竣工后回收的利润以及需要缴纳的税金。一个项目顺利实施，还需要支付相关施工管理费用，包含施工材料的费用、人员薪资，这些因素对于整个建筑工程的经济成本控制具有重要的影响，尤其是施工材料自身的价格。施工材料价格受到市场波动影响最大，由此也决定了人工价格的费用。

2. 施工预算因素

在正式施工之前，必须要在众多施工方案中筛选出一套最合理的方案，选择的依据之一就是对不同方案经济成本的预算。目前，一些施工单位会采用自身的预算编制方式来预估成本，但是由于实际施工环境充斥着许多可变因素，现场施工环境以及施工效率等，都会影响到具体的经济成本。预算方案尽管在前期计算得比较准确和完善，也会与实际工作所产生的成本总和产生偏差。

3. 国家宏观政策等因素

施工前期和施工过程中有许多因素会对经济成本产生影响，除此之外，国家宏观政策也会对建筑行业的经济成本控制产生影响。国家对于建筑行业所颁布的金融政策和一系列规定要求都会直接影响到经济成本的控制，因此，建筑工程经济成本管理工作也需要进行外部调研，根据市场需要制订更为完善的施工方案，帮助企业争取最大化的利润和经济效益。

（三）建筑工程经济成本控制现状分析

1. 经济成本控制意识匮乏

就现阶段我国建筑工程经济成本控制的状况来看，一些施工单位和企业仍然采取传统管理模式，在市场竞争的浪潮中表现出了很大的局限性。这主要是说，一些企业和单位缺乏经济成本控制意识，将运营重心放在提升经济效益方面，但是却忽略了管理观念的更新，在一些细节方面采用粗放式管理方法，可能会影响企业的成本预算工作。建筑材料采购环节没有详细地进行社会调研，对于厂家的专业资质缺乏深入调查和了解，由此容易导致所采购的施工材料出现质量不达标的情况。成本预算工作不到位会影响施工企业的形象，甚至会给后续施工工作带来不利的影响。

2. 企业内部管理混乱

建筑工程项目的实施需要耗费大量的人力和物力，涉及许多复杂环节，必须加强内部管理，才能够确保项目得以顺利实施。一些施工企业缺乏明确的管理系统，在职责划分方面存在很大的问题，相关人员对于自己所负责的内容不够清晰，导致各个部门之间缺乏及时的沟通和协调，问题出现之后没有得到及时的反馈和解决。施工企业内部管理混乱，一方面会造成问责难以落实，另一方面会降低建筑工程项目施工效率。

（四）建筑工程经济成本管理的具体策略

现如今，市场竞争越来越激烈，施工企业纷纷开始对经济成本的管理和控制引起重视，尤其是在建筑工程项目的施工过程中，必须进一步加强内部管理，实现经济效益和社会效益的最大化。

1. 加强经济成本管理意识

针对现阶段的情况，制约施工企业发展的一个重要因素，就是缺乏良好的经济成本管理意识。为此，企业必须进一步加强全体员工的培训工作，帮助各个部门的员工树立良好的管理意识，积极学习经济成本管理的创新理念，同时，应该配合企业所要求的培训工作，不断提高自己的专业技能和专业素养。在建筑工程项目施工之前，设计规划部门必须深入现场进行实地调研，以经济成本为先，根据实际需求选择合适的施工材料。必须加强对材料供应厂商专业资质的审核，在正式施工之前，对入库的施工材料进行质量检验，进一步保证建筑工程项目的施工质量。在正式施工过程中，必须坚持管理效益优先的原则，在专家对风险因素进行预测的基础上，制定完备的应对措施。同时应该进一步借鉴和学习先进企业和单位的经济成本管理措施，做好部门之间的统筹规划工作，确保各个部门树立统一的目标，加强彼此之间的合作和协调，从而实现最大化的经济效益和社会效益。管理层必须树立大局意识，根据各个环节的工作量情况，合理布局人力和物力资源，确保项目能够得到正常的运行和实施。

2. 优化施工技术和工艺

技术的进步给人们的日常生活带来了极大的便利，同时也促进我国施工领域获得了良性健康的发展。在建筑工程项目施工过程中，科学技术的应用解决了许多问题。施工企业和单位必须重视对先进技术的应用，利用技术的优势来规避施工过程中所遇到的问题和风险因素，有效节约所耗费的经济成本。施工企业和单位必须结合建筑工程项目的实际情况，充分调研场地现状，进而设计合理的施工方案。在运用先进技术的过程中，必须以质量优先的原则，提高项目施工的智能化水平。通过采用先进技术，可以解决人工方面所面临的困境，有效提高同步工程项目施工效率，做好工程质量保障工作，这对我国建筑行业来说，具有十分重要的意义。在具体项目施工过程中，相关部门必须建立动态监测系统，对整个项目实施的全过程进行数据采集和分析工作，积极寻求各种先进技术来降低经济成本。同时，也应该加强对施工材料的研究和了解，不断引进新型工艺和材料。

3. 完善内部管理规章制度

基于现阶段施工企业的运营状况，缺乏完善的规章制度是制约经济成本控制的重要因素之一。为此，施工企业必须顺应时代发展的要求，根据市场提出的需求，进一步完善建筑工程项目实施整个流程的制度体系。提高全体员工的责任意识，让各个部门都能明确自身的职责，一旦发现问题必须及时上报，实际成本与预算成本出现较大偏差的，理应及时反馈信息，找到问题出现的源头和原因，通过改良技术和工艺，改进施工材料，创新管理理念和手段，进一步推动建筑工程项目经济成本管理控制工作得到有效落实。

以完善的规章制度体系为指引，加强各部门之间的协调和合作，根据现实施工需要统筹规划资源，确保建筑工程项目的施工质量得到有效保障，帮助施工企业和单位实现经济效益最大化，这对我国施工企业和单位今后的良性发展来说具有十分重要的意义。

综上所述，建筑工程项目的顺利实施有助于提升我国经济水平，但是就我国建筑企业经济成本控制的现状来看，权责划分不清晰导致内部管理混乱，给成本预算带来了极大的问题，不仅会影响到建筑企业的经济效益，还会损害其企业形象。针对这些问题，我国建筑企业和单位必须注重对经济成本的管理和控制，树立强烈的管理意识，利用先进的技术确保工程项目按时竣工，加强对建筑材料的监控和管理，进而有效降低建筑工程项目耗费的经济成本。

二、建筑工程项目施工成本管理

项目施工成本管理作为控制成本、提高效益的核心内容，被越来越多的施工单位所重视。在保证安全和质量的前提下，做好项目施工成本管理工作有助于使建设投资成本发挥出最大的作用，各施工企业需要针对如何有效做好项目施工成本管理工作，进行一番仔细研究和分析。

（一）工程项目施工成本、施工成本管理概念的解读

1. 工程项目施工成本的概念解读

施工成本是指在建设项目的施工过程中所发生的全部生产费用之和，包括消耗的原材料、辅助材料、构配件等费用，周转材料的摊销费或租赁费，施工机械的使用费或租赁费，支付给工人的工资、奖金、工资性质的津贴等，以及进行施工组织与管理所发生的全部费用支出。概括来说就是某工程项目在施工中所发生的全部生产费用之和。因此，在理解时要重点记住定义的第一句，后面的均属补充和说明。这样看来，其实并不难理解。

2. 工程项目施工成本管理的概念解读

在充分消化了解了施工成本的概念之后，工程项目施工成本管理的含义就更好理解了，即根据建筑施工的实际情况，采取有效的成本控制措施，把经济成本减到最低，使其符合制订的成本控制计划，从而使工程项目的经济效益达到最优化的过程。

（二）工程项目施工成本管理的特点

成本费用的控制始终贯穿于整个项目的施工过程，因此要想做好此项工作，必须对其特点认识清楚。建筑工程项目的建设具有自身行业的特殊性，使施工成本管理工作变得异常困难。各种外界因素的影响，如天气、地质、政策法规、技术标准、设计文件等，都会导致施工成本控制措施难以实行并起到作用。因此，需要掌握其事先控制的特点，在工程开工之初，就应该制订计划，并利用恰当的技术来完成目标。同时还要注意将企业各部门之间紧密联系，协同合作，明确责任，进而共同完成施工经济成本控制工作，做好施工成本控制工作还会推动企业进行经济责任制度的建立；把施工成本控制工作当作重点，会使施工人员责任意识更强烈，态度更积极，责任更明确。

（三）施工成本管理控制的有效办法

1. 从"人、材、机"三个方面入手进行施工成本管理控制

（1）对施工人员的成本控制教育和管理。在施工项目的建设当中，若想做好施工成本管理控制工作，首先，应该培养员工的经济成本控制意识，端正其态度。因为施工单位作为工程的直接建造者，是

保证工程经济质量的主要负责人，有责任更有义务做好经济成本控制措施。尤其是现场的一线人员，他们是每天接触实际工程建设最多的人，经验最多，更具话语权。不应该把控制成本造价的事全部推给财务部和项目部，只要是工程的参与人员都应该给予足够的重视并参与进来。因此，做好施工人员的经济成本控制教育宣传是很有必要的。其次，在工程施工前，一定要分配好工作，明确岗位责任，使经济成本控制工作更细化。比如某施工企业，其项目负责人在工程开工初期，制定了详细的责任规章制度，挂到了墙上，并让相关人员在责任书上签字，以方便各岗位人员知晓并遵守，同时也有利于责任追究。这就是一个有效控制施工成本的好方法。从每一个工程分项甚至每一道工序，将责任细化，从而在工程的细节当中控制经济成本。最后，做好施工进度计划和安排，有效利用人力资源，合理分配时间，使工程做到效率、质量两不误。在工程的每部分施工之前，都做好安全技术交底，明确岗位责任，从而提高工作效率。

（2）严把材料质量关，采购合理适度。在工程建设中，材料在经济成本控制中占有很大的比例，为了做到节约成本，施工单位必须加强对材料的采购和使用管理，这样才能提高使用效率，减少不必要的浪费，降低经济损失。在进行材料购买之前，要做一份详细的采购申请计划，为了保证其准确合理，必须提前做好计算。在购买厂家的选择上要参考其材料质量、口碑，择优选购。同时为了方便财务人员核算账目，采购员需将采购材料的厂家、数量、价格等基本情况做成表格，提供给相关人员检查，此举更有利于监督检查。在材料的使用方面，要尽可能做到循环利用，注意材料的损耗管理，提高其利用价值。

（3）注意机械设备的管理维护。除了人力、材料的管理之外，还要注意现场机械设备的维护管理。施工管理人员要制定相应的责任制度，指派固定人员定期维修保养，同时记录好机械种类、数量、台班数，及时计算好台班费用，这样既提高了工作效率又保证了工程质量，从而大大减少经济损失。

2. 从现场签证方面来进行施工成本管理控制

（1）施工现场技术环节签证管理。在项目施工中，需要签证的文件众多，必须保证其准确性和合理性，这样才能有效地进行经济成本控制。例如，针对项目中的隐蔽工程，在做完其工程签证时，应该仔细保管和核对，严把签证关，减少因丢失材料而造成成本核算有误的情况。同时注意使隐蔽工程文件资料记录准确、数据合理真实，如此，才能确保签证工作顺利进行。

（2）落实现场签证的责任分配，保证签证文件真实可靠。在进行现场签证的管理过程中，应该建立完善的责任管理制度，明确现场人员的监督控制职责，全程对经济投资成本进行严密监控。具体做法为对签证文件仔细审核，包括内容、数量、价格、日期、结算方式等都是要检查的项目，同时注意相关单位代表的签字、盖章，保障真实有效，并且拒绝补签，一定要同步工程的进度，做到及时不拖延。

（3）加强签证人员素质和知识培训。由于施工现场中很多人员对成本造价控制管理不擅长，缺乏这方面的专业知识，再加上成本控制意识薄弱，现场签证管理有很大的困难。因此，必须提升施工人员的业务知识水平，转变观念，加强成本造价控制方面的知识培训。例如，施工单位可以请专业工程核算造价人员来到现场进行知识培训、业务讲解，使全部人员都有所收获，弥补专业知识的不足，进而做好签证管理工作，有效控制经济成本。

总之，为了不断提高工程项目的施工质量和经济效益，建立一个完整的施工成本管理体系是非常必要的，它是有效降低投资成本，使经济利润实现最大化的重要途径。随着建筑工程管理水平的提高，通过在实践中不断总结经验和教训，未来的施工成本管理工作一定会更加全面更加完善，从而推动企业不断发展进步。

第二节　进度管理

一、建筑工程项目进度管理概述

（一）项目进度管理

1. 引例

下面是一则关于项目进度管理的例子。

H 公司前不久接下了一个软件项目，其主要内容是为一家餐饮公司做一个 MIS 系统，并且要求整个项目在 3 个月之内完成。合同签署之后，该公司指派了一名项目经理，经过需求调查之后，该项目经理向公司提交了一份详细的项目计划书，而且项目完成时间也完全与合同要求相同，整整 3 个月。但是存在以下问题，主要原因是软件开发项目的进度管理没有做好。

（1）所有的项目进度计划均是根据项目经理的估计值制订的，也就是说，项目经理包办了整个项目进度计划的制订工作。

（2）在项目进度计划中只是简单地在每个阶段的结束时间上标注了一个里程碑符号。

（3）进度报告中的项目完成百分比，可能是直接通过"已经历的时间"计算得到的。

（4）项目开展过程中，需求在变化，但项目计划却没有跟进。

（5）项目延迟的主要原因在于两个方面：项目需求增加以及系统设计和编码实现的时间都超过了原先的计划。

2. 项目进度管理的基本概念

（1）进度的概念。进度是指项目活动在时间上的排列，强调的是一种工作进展以及对工作的协调和控制，因此常有加快进度、赶进度、拖了进度等说法。对于进度，通常以其中的一项内容——"工期"来代称，讲工期也就是讲进度。只要是项目，就有一个进度问题。

（2）进行项目进度管理的必要性。项目管理集中反映在成本、质量和进度三个方面，这反映了项目管理的实质，这三个方面通常称为项目管理"三要素"。进度是"三要素"之一，它与成本、质量两要素有着辩证的有机联系。对进度的要求是通过严密的进度计划及合同条款的约束，使项目能够尽快竣工。

实践表明，质量、工期和成本是相互影响的。一般来说，在工期和成本之间，项目进展速度越快，完成的工作量越多，则单位工程量的成本越低。但突击性的作业，往往会增加成本。在工期与质量之间，一般工期越紧，如采取快速突击、加快进度的方法，项目质量就较难保证。项目进度的合理安排，对保证项目的工期、质量和成本有直接的影响，是全面实施"三要素"管理的关键环节。科学且符合合同条款要求的进度，有利于控制项目成本和质量。仓促赶工或任意拖拉，往往伴随费用的失控，也容易影响工程质量。

（3）项目进度管理的概念。项目进度管理又称为项目时间管理，是指在项目开展的过程中，为了确保项目能够在规定的时间内实现项目目标，对项目活动进度及日程安排所进行的管理工作。

（4）项目进度管理的重要性。据专家分析，对于一个大的信息系统开发咨询公司，25%的大项目被取消，60%的项目远远超过成本预算，70%的项目存在质量问题是很正常的事情，只有很少一部分项目确实能够按时完成并达到了全部要求，而正确的项目计划、适当的进度安排和有效的项目控制可以避免上述问题。

3. 项目进度管理的基本内容

项目进度管理包括两部分内容：一个是项目进度计划的编制，要拟订在规定的时间内合理且经济的进度计划；另一个是项目进度计划的控制，是指在执行该计划的过程中，检查实际进度是否按计划要求进行，若出现偏差，要及时找出原因，采取必要的补救措施或调整、修改原计划，直至项目完成。

（1）项目进度管理过程

1）活动定义。确定为完成各种项目可交付成果所必须进行的各项具体活动。

2）活动排序。确定各项活动之间的依赖关系，并形成文档。

3）活动资源估算。估算完成每项活动所需要的资源种类和数量。

4）活动时间估算。估算完成每项活动所需要的单位工作时间。

5）进度计划编制。分析活动顺序、活动时间、资源需求和时间限制，以编制项目进度计划。

6）进度计划控制。运用进度控制方法，对项目实际进度进行监控，对项目进度计划进行调整。项目进度管理过程是在项目管理团队确定初步计划后进行的。有些项目，特别是一些小项目，活动排序、活动资源估算、活动时间估算和进度计划编制这些过程紧密相连，可视为一个过程，可由一个人在较短时间内完成。

（2）项目进度计划编制

项目进度计划编制是通过项目的活动定义、活动排序、活动时间估算，在综合考虑项目资源和其他制约因素的前提下，确定各项目活动的起始日期和完成日期、具体实施方案和措施，进而制订整个项目的进度计划。其主要目的是：合理安排项目时间，从而保证项目目标的完成；为项目实施过程中的进度控制提供依据；为各种资源的配置提供依据；为有关各方时间的协调配合提供依据。

（3）项目进度计划控制

项目进度计划控制是指项目进度计划制订以后，在项目实施过程中，对实施进展情况进行检查、对比、分析、调整，以保证项目进度计划总目标得以实现的活动。

（二）建筑工程项目进度管理

1. 建筑工程项目进度管理的概念

建筑工程项目进度管理是指根据进度目标的要求，对建筑工程项目各阶段的工作内容、工作程序、持续时间和衔接关系编制计划，并将该计划付诸实施，在实施的过程中，经常检查实际工作是否按计划进行，对出现的偏差分析原因，采取补救措施或调整、修改原计划，直至工程竣工、交付使用。项目进度管理的最终目的是确保项目工期目标的实现。

建筑工程项目进度管理是建筑工程项目管理的一项核心管理职能。由于建筑工程项目是在开放的环境中进行的，置身于特殊的法律环境下，并且生产过程中的人员、工具与设备具有流动性，产品的单件性等决定了项目进度管理的复杂性及动态性，因此必须加强项目实施过程的跟踪控制。进度控制与质量控制、投资控制是工程项目建设中并列的三大目标。它们之间有着密切的相互依赖和制约关系。

通常情况下，进度加快，需要增加投资，但项目能提前交付使用就可以提高投资效益；进度加快有可能会影响工程质量，而质量控制严格则有可能影响进度。因此，项目管理者在实施进度管理工作时，要对三个目标全面、系统地加以考虑，正确处理好进度、质量和投资的关系，提高工程建设的综合效益。特别是一些投资较大的工程，在采取进度控制措施时，要特别注意其对成本和质量的影响。

2. 建筑工程项目进度管理的方法和措施

建筑工程项目进度管理的方法主要有规划、控制和协调。规划是指确定施工项目总进度控制目标和分进度控制目标，并编制其进度计划；控制是指在施工项目实施的全过程中，比较施工实际进度与施工计划进度，出现偏差的及时采取措施调整；协调是指协调与施工进度有关的单位、部门和施工工作队之间的进度关系。建筑工程项目进度管理采取的主要措施有组织措施、技术措施、合同措施和经济措施。

（1）组织措施。组织措施主要包括建立施工项目进度实施和控制的组织系统，制定进度控制工作制度，检查时间、方法，召开协调会议，落实各层次进度控制人员、具体任务和工作职责；确定施工项目进度目标，建立施工项目进度控制目标体系。

（2）技术措施。采取技术措施时应尽可能采用先进施工技术、方法和新材料、新工艺、新技术，保证进度目标的实现。落实施工方案，发生问题时，及时调整工作之间的逻辑关系，加快施工进度。

（3）合同措施。采取合同措施时以合同形式保证工期进度的实现，即保持总进度控制目标与合同总工期一致，分包合同的工期与总包合同的工期相一致，供货、供电、运输、构件加工等合同规定的提供服务时间与有关的进度控制目标一致。

（4）经济措施。经济措施是指落实进度目标的保证资金，签订并实施关于工期和进度的经济承包责任制，建立并实施关于工期和进度的奖惩制度。

3. 建筑工程项目进度管理的内容

（1）项目进度计划。建筑工程项目进度计划包括项目的前期、设计、施工和使用前的准备等内容。项目进度计划的主要内容就是制订各级项目进度计划，包括进行总控制的项目总进度计划、进行中间控制的项目分阶段进度计划和进行详细控制的各子项进度计划，并对这些进度计划进行优化，以达到对这些项目进度计划的有效控制。

（2）项目进度实施。建筑工程项目进度实施就是在资金、技术、合同、管理信息等方面进度保证措施落实的前提下，使项目进度按照计划实施。施工过程中存在各种干扰因素，其将使项目进度的实施结果偏离进度计划，项目进度实施的任务就是预测这些干扰因素，对其风险程度进行分析，并采取预防措施，以保证实际进度与计划进度吻合。

（3）项目进度检查。建筑工程项目进度检查的目的是了解和掌握建筑工程项目进度计划在实施过程中的变化趋势和偏差程度。项目进度检查的主要内容有跟踪检查、数据采集和偏差分析。

（4）项目进度调整。建筑工程项目进度调整是整个项目进度控制中最困难、最关键的内容。其包括以下几个方面的内容。

1）偏差分析。分析影响进度的各种因素和产生偏差的前因后果。

2）动态调整。寻求调整进度的约束条件和可行方案。

3）优化控制。调控的目标是使工程项目的进度和费用变化最小，达到或接近进度计划的优化控制目标。

（三）建筑工程项目进度管理的基本原理

1. 动态控制原理

动态控制原理是指对建设工程项目实施过程在时间和空间上的主客观变化进行项目管理的基本方法论。由于在项目实施过程中主客观条件的变化是绝对的，不变则是相对的；在项目开展过程中平衡是暂时的，不平衡则是永恒的，因此，在项目实施过程中，必须随着情况的变化进行项目目标的动态控制。

建筑工程项目进度控制是一个不断变化的动态过程，在项目开始阶段，实际进度按照计划进度的规划进行运动，但由于外界因素的影响，实际进度往往会与计划进度产生偏差，出现超前或滞后的现象。这时应分析偏差产生的原因，采取相应的改进措施，调整原来的计划，使二者在新的起点上重合，并发挥组织管理作用，使实际进度继续按照计划进行。一段时间后，实际进度和计划进度又会出现新的偏差。因此，建筑工程项目进度控制出现了一个动态调整过程。

2. 系统原理

系统原理是现代管理科学的一个最基本的原理。它是指人们在从事管理工作时，运用系统的观点、理论和方法对管理活动进行充分的系统分析，以达到管理的优化目标，即从系统论的角度来认识和处理企业管理中出现的问题。

系统是普遍存在的，它既可以应用于自然和社会事件，又可以应用于大小单位组织的人际关系中。因此，通常把任何一个管理对象都看成是特定的系统。组织管理者要实现管理的有效性，就必须对管理进行充分的系统分析，把握住管理的每一个要素及要素间的联系，实现系统化的管理。

建筑工程项目是一个大系统，其进度控制也是一个大系统，在进度控制中，进度计划的编制受到许多因素的影响，不能只考虑某一个因素或几个因素。进度控制组织和进度实施组织也具有系统性，因此，项目进度控制具有系统性，应该综合考虑各种因素的影响。

3. 信息反馈原理

通俗来说，信息反馈就是指由控制系统把信息输送出去，又把其作用结果返送回来，并对信息的再输出产生影响，起到制约作用，以达到预定的目的。

信息反馈是建筑工程项目进度控制的重要环节，施工的实际进度通过信息反馈给基层进度控制工作人员，在分工的职责范围内，信息经过加工逐级反馈给上级主管部门，最后到达主控制室，主控制室整理统计各方面的信息，经过比较分析做出决策，调整进度计划。进度计划不断调整的过程实际上就是信息不断反馈的过程。

4. 弹性原理

弹性原理是指管理必须要有很强的适应性和灵活性，以适应系统外部环境和内部条件千变万化的形势，实现灵活管理。

建筑工程工期长、影响因素多，因此，项目进度计划的编制就会留出余地，使计划进度具有弹性。进行进度控制时应利用这些弹性，缩短有关工作的时间，或改变工作之间的搭接关系，使计划进度和实际进度吻合。

5. 封闭循环原理

项目进度控制的全过程是计划、实施、检查、比较分析、确定调整措施、再计划。即从编制项目进度计划开始，经过实施过程中的跟踪检查，收集有关实际进度的信息，比较和分析实际进度与计划进度之间的偏差，找出产生偏差的原因和解决办法，确定调整措施，再修改原计划，形成一个封闭的循环系统。

6. 网络计划技术原理

网络计划技术是指用于工程项目的计划与控制的一项管理技术，依其起源有关键路径法（CPM）与计划评审法（PERT）之分。通过网络分析研究工程费用与工期的相互关系，并找出编制计划及计划执行过程中的关键路径，这种方法称为关键路径法（CPM）。而计划评审法（PERT）注重对各项工作安排的评价和审查。CPM 主要应用于以往在类似工程中已取得一定经验的承包工程，PERT 更多地应用于研究与开发项目。

网络计划技术原理是建筑工程项目进度控制的计划管理和分析计算的理论基础。在进度控制中，要利用网络计划技术原理编制项目进度计划，根据实际进度信息，比较和分析进度计划，利用网络计划技术的工期优化优势、成本优化优势和资源优化优势进行调整。

二、建筑工程项目进度影响因素

（一）影响建筑工程项目进度的因素

1. 自然环境因素

由于建筑工程项目具有庞大、复杂、周期长、相关单位多等特点，且建筑工程施工进度会受到地理位置、地形条件、气候、水文及周边环境好坏的影响，一旦在实际的施工过程中这些不利因素中的某一类因素出现，都将对施工进度造成一定的影响。当施工的地理位置处于山区、交通不发达或者条件恶劣时，由于施工工作面较小，施工场地较为狭窄，建筑材料无法及时供应，或者运输建筑材料需要花费大量的时间，加上野外环境对工作人员的考验，一些有毒有害的蚊虫等都将对员工造成伤害，对施工进度造成一定的影响。

天气不仅会影响施工进度，而且有时候天气过于恶劣，会对施工路面、场地和已经施工完成的部分建筑物以及相关施工设备造成严重破坏，这将进一步制约施工的进行。反之，如果建筑工程施工的地域属于平坦地形，交通便利便于设备和建筑材料的运输，且环境气候宜人，则有利于施工进度的控制。

2. 建筑材料、设备因素

材料、构配件、机具、设备供应环节的差错，品种、规格、质量、数量、时间不能满足工程的需要；特殊材料及新材料的不合理使用；施工设备不配套，造型不当，安装失误、有故障等，都会影响施工进度。

比如，建筑材料供应不及时，就会出现缺料停工的现象，而工人的工资还需正常给付，这无疑是对企业的重创，不仅没有带来利润，还消耗了人力资源。此外，在资金到位、所有材料一应俱全的时候，还需要注意材料的质量，确保材料质量达标，如果材料存在质量问题，在施工的过程中将会出现塌方、返工，影响施工质量，最终延误工期。

3. 施工技术因素

施工技术是影响施工进度的直接因素，尤其是一些大型的建筑工程项目或者新型的建筑。即便是一些道路或者房屋建筑类施工项目，其中所蕴含的施工技术也是大有讲究的，科学、合理的施工技法明显能够加快施工进度。

建筑工程项目不同，建筑企业在选择施工方案时也会有所不同，施工人员与技术人员要正确、全面地分析、了解项目的特点和实际施工情况，实地考察施工环境，并设计好施工图纸，施工图纸要求简单明了，在需要标注的地方一定要勾画出来，以免图纸会审工作中出现理解偏差，同时选择合适的施工技术保障在规定的时期内完成工程。在具体的施工过程中由于业主对需求功能的变更，原设计将不再符合施工要求，因此要及时调整、优化施工方案和施工技术。

4. 项目管理人员因素

在整个建筑工程的施工中，排除外界环境的影响，人作为主体也会影响整个工程的工期，其中，主要管理人员的能力与知识和经验直接影响整个工程的进度。在实际的施工过程中，有些项目管理人员没有实践活动的经验基础，或者没有真才实学，缺乏施工知识和技术，无法对一些复杂的影响工程进度的因素有一个好的把控。或者项目管理人员不能正确地认识工程技术的重要性，人为地降低了项目建设技术、质量标准，没有意识到施工中潜在的风险，且对风险的预备工作不足，将对整个工程的施工进度造成严重影响。

此外，由于项目管理人员管理不到位，现场的施工工序和建筑材料的堆放不够科学合理，将对施工人员的施工动作造成影响，也会对后期的建筑质量造成一定的冲击。施工人力资源和设备搭配不够合理，浪费了较多的人力资源，致使施工中出现纰漏等，将直接或间接地对施工进度造成一定的影响。最主要的一点是，项目管理人员在建筑工程施工前几个月内，对地方建设行政部门审批工作不够重时，也会影响施工工期，其对施工的影响可以说是人为主观地对工程项目态度不够端正直接造成的，一旦出现这种问题，企业就需要认真考虑是否重新指定相关项目负责人，防止对施工进度造成重大影响。

5. 其他因素

（1）建设单位因素。如建设单位因业主使用要求改变而进行设计变更，应提供的施工场地不能及时提供或所提供的场地不能满足工程正常需要，不能及时向施工承包单位或材料供应商付款等都会影响施工进度。

（2）勘察设计因素。如勘察资料不准确，特别是地质资料错误或遗漏，设计内容不完善，规范应用不恰当，设计有缺陷或错误等，天气因素未考虑或考虑不周，施工图纸供应不及时、不配套、出现重大差错等都会影响施工进度。

6. 资金因素

工程项目的顺利进行必须要有雄厚的资金作为保障，由于其涉及多方利益，因此，往往成为最受关注的因素。按其计入成本的方法划分，一般分为直接费用、间接费用两部分。

（1）直接费用。直接费用是指直接为生产产品而发生的各项费用，包括直接材料费、直接人工费和其他直接支出。工程项目中的直接费用是指施工过程中直接耗费构成的支出。

（2）间接费用。间接费用是指企业的各项目经理部为准备、组织和管理施工生产所发生的全部施工间接支出。

此外，如有关方拖欠资金、资金不到位、资金短缺、汇率浮动和通货膨胀等也都会影响建筑工程的施工进度。

（二）建筑工程项目进度管理的具体措施

1. 对项目组织进行控制

在进行施工人员组织的过程中，要尽量选取施工经验丰富的人员，为了能够实现工期目标，在签署合同后，要求项目管理人员及时到施工工地进行实地考察，制定实施性施工组织设计，还要与施工当地的政府和民众建立联系，确保获得当地民众的支持，从而为建筑工程的施工创造有利的外部环境条件，确保施工顺利进行。在建筑工程项目施工前，要结合现场施工条件来制订具体的施工方案，确保在施工中实现标准化，能够在施工中严格按照规定的管理标准来合理安排工序。

（1）选择一名优秀的项目经理。在建筑工程施工中选择一名优秀的项目经理，对于工程项目的施工进度具有十分积极的影响。在实际的建筑工程项目中会面临众多的复杂状况，有些更是难以解决。如果选择一名优秀的项目经理，其掌握着扎实的理论知识和过硬的专业技能，能够结合实际的建筑工程项目施工情况，最大限度地利用现有资源提升施工效率。因此，在选择项目经理时，要注重考察项目经理的管理能力、执行能力、专业技能、人际交往能力等，只有这样才能够实现工程的合理妥善管理，对于缩短建筑工程施工工期有着巨大的帮助。

（2）选择优秀的监理。要想对建筑工程施工工期进行合理控制，除了对施工单位采取措施外，必须发挥工程监理的作用，协调各个承包单位之间的关系，实现良好的合作关系，缩短施工工期。对于那些难以进行协调控制的环节和关系，在总的建筑工程施工进度计划中要预留充分的时间进行调节。对一名业主或由业主聘请的监理工程师来说，要努力尽到自身的义务，尽力在规定的工期内完成施工任务。

2. 对施工物资进行控制

为了确保建筑工程施工进度符合要求，必须对施工过程中每个环节的材料、配件、构件等进行严格的控制。在施工过程中，要对所有的物资进行严格的质量检验。制订出整个工程的进度计划后，施工单位要根据实际情况来制订最合理的采购计划，在采购材料的过程中要重视材料的供货时间、供货地点、运输时间等，确保施工物资能够符合建筑工程施工过程中的需求。

3. 对施工机械设备进行控制

施工机械设备对建筑工程施工进度影响非常大，要避免因施工机械设备发生故障而影响施工进度。在建筑工程项目施工中应用最广的塔吊对于整个工程项目的施工进度有着决定性作用，因此要重视塔吊问题，在塔吊的安装过程中要确保塔吊的稳定性，必须经过专门的质量安全机构检查合格后才能够投入施工建设工作，避免后续出现问题。同时，操作塔吊的工作人员必须是具有上岗证的专业人员。施工场地中的所有机械设备都要通过专门的部门检查和证明，所有的机械设备操作人员都要符合专业要求，并且要实施岗位责任制。此外，塔吊位置设置应科学合理，想方设法物尽其用。

4. 对施工技术和施工工序进行控制

尽量选用合适的施工技术加快施工进度，减少技术变更。在施工开展前要对施工图纸进行审核工作，确保施工单位明确施工图纸中的每个细节，如果出现不懂或者有疑问的地方，要及时和设计单位进行联系，确保对施工图纸全面理解。之后，要对项目总进度计划和各个分项目进度计划进行宏观调控，对关键的施工环节编制严格合理的施工工序，确保施工进度符合要求。

三、建筑工程项目进度优化控制

（一）项目进度控制

1. 项目进度控制的过程

项目进度控制是项目进度管理的重要内容和重要过程之一，由于项目进度计划只是根据相关技术对项目的每项活动进行估算，并做出进度安排，而在执行项目进度计划时事先难以预料的问题很多，因此在项目进度计划执行过程中往往会发生程度不等的偏差，这就要求项目经理和项目管理人员对计划做出调整、变更，消除偏差，以使项目在约定日期内完成。

项目进度控制就是对项目进度计划实施与项目进度计划变更所进行的控制工作，具体来说，项目进度控制就是在项目正式开始实施后，要时刻对项目及其每项活动的进度进行监督，及时、定期地对项目实际进度与项目计划进度进行比较，掌握和度量项目实际进度与计划进度的差距，一旦出现偏差，就必须采取措施及时纠正，以维持项目进度的正常进行。

根据项目管理的层次，项目进度控制可以分为项目总进度控制，即项目经理等高层管理部门对项目中各里程碑事件的进度控制；项目主进度控制，主要是项目部门对项目中每一主要事件的进度控制；项目详细进度控制，主要是各具体作业部门对各具体活动的进度控制，这是进度控制的基础，只有详细进度得到较强的控制才能保证主进度按计划进行，最终保证项目总进度，使项目目标按时实现。因此，项目进度控制要首先定位于项目的每项活动。

2. 项目进度控制的目标

项目进度控制总目标是依据项目进度计划确定的，然后对项目进度控制总目标进行层层分解，形成实施进度控制、相互制约的目标体系。

项目进度目标是从总的方面对项目建设提出的工期要求。但在具体活动中，是通过对最基础的分项工程的进度控制来保证各单项工程或阶段工程进度控制目标的完成，进而实现项目进度控制总目标的。因而需要将项目进度控制总目标进行一系列从总体到细部、从高层次到基础层次的层层分解，一直分解到可以直接调度控制的分项工程或作业过程为止。在分解的过程中，每一层次的进度控制目标都限定了下一级层次的进度控制目标，而较低层次的进度控制目标又是较高一级层次进度控制目标得以实现的保证，于是形成了一个自上而下层层约束，由下而上级级保证，上下一致的多层次的进度控制目标体系。例如，可以按项目实施阶段、项目所包含的子项目、项目实施单位以及时间来设立分目标。为了便于对项目进度进行控制与协调，可以从不同角度建立与项目进度控制目标体系相联系配套的进度控制目标。

（二）施工进度计划管理

1. 工程项目施工进度计划的任务

施工进度计划是建筑工程施工的组织方案，是指导施工准备和组织施工的技术经济文件。编制施工进度计划必须在充分研究工程的客观情况和施工特点的基础上结合施工企业的技术力量、装备水平，根据人力、机械、资金、材料和施工方法五个基本要素，进行统筹规划，合理安排，充分利用有限的空间与时间，采用先进的施工技术，选择经济合理的施工方案，建立正常的生产秩序，用最少的资源和资金取得质量高、成本低、工期短、效益好、用户满意的建筑产品。

2. 工程项目施工进度计划的作用

工程项目施工进度计划是施工组织设计的重要组成部分，是施工组织设计的核心内容。编制施工进度计划是在施工方案已确定的基础上，在规定的工期内，对构成工程的各组成部分（如各单项工程、各单位工程、各分部分项工程）在时间上给予科学的安排，这种安排是按照各项工作在工艺上和组织上的先后顺序，确定其衔接、搭接和平行关系，计算出每项工作的持续时间，确定其开始时间和完成时间。根据各项工作的工程量和持续时间确定每项工作的日（月）工作强度，从而确定完成每项工作所需要的资源数量（工人数、机械数以及主要材料的数量）。施工进度计划还能反映出各个时段所需各种资源的数量以及各种资源强度在整个工期内的变化，从而进行资源优化，以达到资源的合理安排和有效利用。根据优化后的施工进度计划确定各种临时设施的数量，并提出所需各种资源的计划表。在施工期间，施工进度计划是指导和控制各项工作进展的指导性文件。

3. 工程项目进度计划的种类

根据施工进度计划的作用和各设计阶段对施工组织设计的要求，可将施工进度计划分为以下几种类型。

（1）施工总进度计划

施工总进度计划是整个建设项目的进度计划，是对各单项工程或单位工程的进度进行优化安排，在规定的工期内，确定各单项工程或单位工程的施工顺序、开始时间和完成时间，计算主要资源数量，用于控制各单项工程或单位工程的进度。

施工总进度计划与主体工程施工设计、施工总平面布置相互联系、相互影响。当业主提出一个控制性的进度时，施工组织设计据此选择施工方案，组织技术供应和场地布置。同时，施工总进度计划又受到主体施工方案和施工总平面布置的限制，施工总进度计划的编制必须与施工场地布置相协调。在施工总进度计划中，选定的施工强度应与施工方法中选用的施工机械的能力相适应。

在安排大型项目的施工总进度计划时，应使后期投资多，以提高投资利用系数。

（2）单项工程施工进度计划

单项工程施工进度计划以单项工程为对象，在施工图设计阶段的施工组织设计中进行编制，用于直接组织单项工程施工。它根据施工总进度计划中规定的各单项工程或单位工程的施工期限，安排各单位工程或各分部分项工程的施工顺序、开竣工日期，并根据单项工程施工进度计划修正施工总进度计划。

（3）单位工程施工进度计划

单位工程施工进度计划是以单位工程为对象，一般由承包商进行编制，可分为标前和标后施工进度计划。在标前（中标前）的施工组织设计中所编制的施工进度计划是投标书的主要内容，用于投标。在标后（中标后）的施工组织设计中所编制的施工进度计划，在施工中用于指导施工。单位工程施工进度计划是实施性的进度计划，根据各单位工程的施工期限和选定的施工方法安排各分部分项工程的施工顺序和开竣工日期。

（4）分部分项工程施工作业计划

对于工程规模大、技术复杂和施工难度大的工程项目，在编制单位工程施工进度计划之后，常常需要编制某些主要分项工程或特殊工程的施工作业计划，它是直接指导现场施工和编制月、旬作业计划的依据。

（5）各阶段，各年、季、月的施工进度计划

各阶段的施工进度计划，是承包商根据所承包的项目在各建设阶段所确定的进度目标而编制的，用

于指导阶段内的施工活动。

为了更好地控制施工进度计划的实施，应将施工进度计划中确定的进度目标和工程内容按时序进行分解，即按年、季、月（旬）编制作业计划和施工任务书，并编制年、季、月（旬）所需各种资源的计划表，用于指导各项作业的实施。

4. 施工进度计划编制的原则

（1）施工过程的连续性。施工过程的连续性是指施工过程中的各阶段、各项工作的进行，在时间上应是紧密衔接的，不应发生不合理的中断，保证时间有效地被利用。保持施工过程的连续性应从工艺和组织上设法避免施工队发生不必要的等待和窝工，以达到提高劳动生产率、缩短工期、节约流动资金的目的。

（2）施工过程的协调性。施工过程的协调性是指施工过程中的各阶段、各项工作之间在施工能力或施工强度上要保持一定的比例关系。各施工环节的劳动力数量及生产率、施工机械数量及生产率、主导机械之间或主导机械与辅助机械之间必须互相协调，不要发生脱节和比例失调的现象。例如，混凝土工程中的混凝土生产、运输和浇筑三个环节之间，混凝土生产能力应满足混凝土浇筑强度的要求，混凝土运输能力应与混凝土生产能力相协调，使之不发生混凝土拌和设备等待汽车或汽车排队等待装车的现象。

（3）施工过程的均衡性。施工过程的均衡性是指施工过程中各项工作按照计划要求，在一定的时间内完成相等或等量递增（或递减）的工程量，使得在一定的时间内，各种资源的消耗保持相对稳定，不发生时紧时松、忽高忽低的现象。在整个工期内使各种资源都得到均衡的使用，这是一种期望，绝对的均衡是难以做到的，但通过优化手段安排进度，可以求得资源消耗趋于均衡的状态。均衡施工能够充分利用劳动力和施工机械，并能达到经济性的要求。

（4）施工过程的经济性。施工过程的经济性是指以尽可能小的劳动消耗来取得尽可能大的施工成果，在不影响工程质量和进度的前提下，尽力降低成本。在工程项目施工进度的安排上，做到施工过程的连续性、协调性和均衡性，即可达到施工过程的经济性。

5. 编制施工进度计划必须考虑的因素

编制施工进度计划必须考虑的因素如下：工期的长短；占地和开工日期；现场条件和施工准备工作；施工方法和施工机械；施工组织与管理人员的素质；合同与风险承担。

（1）工期的长短。对编制施工进度计划最有意义的是相对工期，即相对于施工企业能力的工期。相对工期长即工期充裕，施工进度计划就比较容易编制，施工进度控制也比较容易，反之则困难。除总工期外，还应考虑局部工期充裕与否，施工中可能会遇到哪些"卡脖子"问题，有何备用方案。

（2）占地和开工日期。由于占地问题而影响施工进度的例子很多。有时候，承包商在形式上完成了对施工用地的占有，但在承包商进场时或在施工过程中还会因占地问题而遭到当地居民的阻挠。其中，有些是由于拆迁赔偿问题没有彻底解决，但更多的是当地居民无理取闹。这需要加强有关的立法和执法工作。对于占地问题，承包商应尽量做好拆迁赔偿工作，使当地居民满意，同时应使用法律手段制止当地居民无理取闹。例如，某船闸在开工时遇到当地居民无理取闹，承包商依靠法律手段由公安部门采取强制措施制止，保证了工程顺利开工。最根本的办法是加强法治教育，提高群众的法治意识。

（3）现场条件和施工准备工作。现场条件包括连接现场与交通线的道路条件、供电供水条件、当地工业条件、机械维修条件、水文气象条件、地质条件、水质条件以及劳动力资源条件等。其中，当地工业条件主要是指建筑材料供应能力，如水泥、钢筋的供应条件以及生活必需品和日用品的供应条件。劳动力资源条件主要是指当地劳动力的价格、民工的素质及生活习惯等。水质条件主要是指现场有无充足的、满足混凝土拌和要求的水源。有时候地表水的水质不符合要求，就要打深井取水或进行水质处理，这将对工期有一定的影响。气象条件主要是指当地雨季的长短、年最高气温、年最低气温、无霜期的长短等。供电和交通条件对工期的影响也是很大的，一些大型工程往往要单独建立专用交通线和供电线路，而小型工程则完全依赖当地的供电和交通条件。

施工准备工作主要有施工用地的占有、资金准备、图纸准备以及材料供应的准备；承包商施工准备工作则为人员、设备和材料进场，场内施工道路、临时车站、临时码头建设，场内供电线路架设，通信设施、水源及其他临时设施准备。对于现场条件不好或施工准备工作难度较大的工程，在编制施工进度计划时一定要留有充分的余地。

（4）施工方法和施工机械。一般来说，采用先进的施工方法和先进的施工机械设备时施工进度会快一些。但是当施工单位开始使用这些新方法施工时，往往不会提高多少施工速度，有时甚至还不如老方法来得快，这是因为施工单位对新的施工方法有一个适应和熟练的过程。从施工进度控制的角度看，不宜在同一个工程中同时采用过多的新技术（相对于施工单位来讲是新的技术）。

如果在一项工程中必须要同时采用多项新技术，那么最好的办法就是请研制这些新技术的科研单位到现场指导，进行新技术应用的试验和推广，这样不仅为这些科研成果的完善提供了现场试验的条件，也为提高施工质量、加快施工进度创造了良好条件，更重要的是能够使施工单位很快地掌握这些新技术，大大提高市场竞争力。

（5）施工组织与管理人员的素质。良好的施工组织管理应既能有效地制止施工人员的一切不良行为，又能充分调动所有施工人员的积极性，有利于不同部门、不同工作的协调。

对管理人员最基本的要求就是要有全局观念，即管理人员在处理问题时要符合整个系统的利益要求，在施工进度控制中就是施工总工期的要求。例如，在西部地区某堆石坝的施工中，施工单位管理人员在内部管理的某些问题上处理不当，导致工人怠工，从而影响工程进度。这时业主单位（当地政府主管部门）果断地采取经济措施，调动工人的积极性，从而在汛期到来之前将坝体填筑到了汛期挡水高程。还有一点要强调的是，作为管理人员，特别是施工单位的上层管理人员，无论何时都要将施工质量放在首要的地位。

因为质量不合格的工程量是无效的工程量，质量不合格的工程是要进行返工或推倒重做的，所以工程质量事故必然会在不同程度上影响施工进度。

（6）合同与风险承担。这里的合同是指合同对工期要求的描述和对拖延工期的处罚约定。可以说，拖延工期的罚款数量应与延期引起的经济损失相一致。同时在招标时，工期要求应与标底价相协调。这里所说的风险是指可能影响施工进度的潜在因素以及合同工期实现的可能性大小。

（三）建筑工程项目进度优化管理

1. 建筑工程项目进度优化管理的意义

知道整个项目的持续时间，可以更好地计算管理成本（预备），包括管理成本、监督成本和运行成本；可以使用施工进度来计算或肯定地检查投标估算；以投标价格提交投标表，从而向客户展示如何构建该项目。正确构建的施工进度计划可以通过不同的活动来实现。这个过程可以缩短或延长整个项目的持续时间。通过适当的资源调度，可以改变活动的顺序，并延长或缩短持续时间，使资源的配置更加优化。这有助于降低资源需求并保持资源的连续性。

进度表显示团队的目标以及何时必须满足这些目标。此外，它还显示了团队必须遵循的路线——它提供了一系列的任务来指导项目经理和主管需要从事哪些活动，哪些是他们应该计划的活动。如果没有这一计划，施工单位可能不知道何时应当实现预定目标。施工进度计划提供了在项目工地上需要建筑材料的日期，可以用来监测分包商和供应商的进度。更为重要的是，进度表提供了施工进度是否按进度进行的反馈，以及项目是否能按时完成。当发现施工进度不及预期时，可以采取行动来提高施工效率。

2. 工程项目成本、质量、进度的优化

工程项目控制三大目标即工程项目质量、成本、进度，三者之间相互影响、相互依赖。在满足规定成本、质量要求的同时使工程施工工期缩短是项目进度控制的理想状态。在实际的工程项目管理中，管理人员要根据施工合同中要求的工期和质量完成项目，同时也要控制项目的成本。

要保证建筑工程项目在实现高质量、低成本的同时，又能够减少工程项目完成时间，就需要工程项目管理人员能够有效地协调工程项目质量、成本和进度。但是，在工程项目进度估算过程中会受到部分外来因素的影响，造成与工程合同承诺不一致的特殊情况，就会导致项目进度难以依照计划进度完成。

因此，在实际的工程项目管理中，管理人员要结合实际情况与工项项目定量、定向的工程进度，对项目成本与工程质量约束下的工程工期进行理性的研究与分析，进而对有问题的工程进度及时采取有效措施进行调整，以便实现工程质量和项目成本约束下的进度计划优化。

3. 工程项目所用资源的总体优化

在建筑工程项目施工过程中，从施工所耗用的资源来看，只有尽可能节约资源和合理地对资源进行配置，才能实现建设工程项目的总体优化。因此，必须对工程项目中所涉及的工程资源、工程设备以及工人进行总体优化。在建筑工程项目的进度中，只有对相关资源合理投入与配置，在一定的期限内限制资源的消耗，才能获得最大的经济效益与社会效益。

因此，工程施工人员需要在项目进行的过程中坚持以下几点原则：第一，用最少的货币来衡量工程总耗用量；第二，合理有效地安排建筑工程项目需要的各种资源与各种结构；第三，做到尽量节约以及合理替代枯竭型和稀缺型资源；第四，在建筑工程项目的施工过程中，尽量均衡资源投入。为了使上述要求均得以实现，建筑施工管理人员必须做好以下几点：一是严格遵循工程项目管理人员制定的关于项目进度计划的规定，提前对工程项目的劳动计划进度合理地做出规划。二是提前对工程项目中所需要的工程材料及与之相关的资源进行预期估计，从而达到优化和完善采购计划的目的，避免出现资源材料浪费的情况。三是根据工程项目的预计工期、工程量大小、工程质量、项目成本，以及各项条件所需要的完备设备，合理地选择工程中所需设备的购买方法以及租赁方式。

四、施工进度管理案例分析

（一）工程概况

某市的养老院位于市区中心地带，工程整体投资 6500 万元。由于该工程与居民楼距离较近，施工环境复杂，施工任务较重。养老院地下 2 层，地上 11 层，总建筑面积为 12000 m^2，主要为框架剪力墙结构。根据工程项目，将建筑工程分为主体结构、砌体工程、屋面工程、外墙面工程、装修工程等项目，其中主体结构工期 3 个月、砌体工程工期 2 个月、屋面工程工期 1 个月、外墙面工程工期 4 个月、装修工程工期 3 个月，为了确保施工进度，需要加强施工管理。

（二）施工进度控制问题

在工程建设过程中，有多种因素对施工进度造成了影响。一是劳动力问题，由于工程施工周期较长，受到春节和农忙的影响，施工人员短缺，导致砌体工程和主体结构延误，影响了施工进度；同时，施工队伍素质参差不齐，对于施工技术认识不足，焊接质量差、钢筋型号错漏，导致需要停工和返工，影响了施工进度。二是业主方案变更，业主巡视后，对原计划的砌体方案进行否定，要求将砌体隔墙改为轻质隔墙，全面调整房间布局，导致后续的水、电、暖气等需要重新设计与更改，影响了施工进度。三是施工单位协调不足，该工程采用总包和专业分包的模式进行施工，导致施工队伍多，分包单位的施工界限不够明确，施工协调不足，存在交叉作业，而且各个工序互相影响，导致施工配合不顺利，协调工作量加大，给施工带来更多问题，影响了施工进度。

（三）施工进度控制措施

针对施工进度控制存在的问题，采用了以下措施。第一，针对劳动力不足和施工人员技术不过关等情况，通过调整劳务分包方案，及时招收新的施工队伍，并且对于入场的施工队伍，及时做好施工培训，确保施工人员了解施工要求。第二，针对业主要求的施工变更，做好进度配合，由监理单位、设计单位和施工单位协商，重新确定施工进度，同时加强设计优化，做好图纸审核，尽量减少设计变更。第三，针对施工单位多的情况，做好协调管理，从图纸上做好技术协调，加强图纸会审和技术交底，做好组织协调工作，明确各级人员的责任，做好隐蔽工程和中间工程的验收管理；同时，采用现场协调的方式，明确各个施工单位的施工区域，及时做好协调管理，加强施工沟通，做好施工组织，加强现场控制能力。

在工程进度管理中，采用横道图和 S 曲线作为施工进度控制的方法。虽然受到了各种因素的影响，但是通过及时调整进度计划，对各个工序进行组织优化，有效缩短施工工序，最终完成时间比进度计划提前。

第三节　质量与安全管理

一、建筑工程质量管理

（一）质量管理

1. 质量的概念

（1）朱兰的质量定义

美国著名的质量管理专家朱兰博士认为，产品质量就是产品的适用性，即产品在使用时能成功地满足用户需要的程度。用户对产品的基本要求就是适用，适用性恰如其分地表达了质量的内涵。

这一定义有两个方面的含义：使用要求和满足程度。人们使用产品，总是对产品质量提出一定的要求，而这些要求往往受到使用时间、使用地点、使用对象、社会环境和市场竞争等因素的影响，这些因素变化，会使人们对同一产品提出不同的质量要求。因此，质量不是一个固定不变的概念，它是动态的、变化的、发展的，随着时间、地点、使用对象的不同而不同，随着社会的发展、技术的进步而不断更新和丰富。

用户对产品的使用要求和满足程度，反映在产品的性能、经济特性、服务特性、环境特性和心理特性等方面。因此，质量是一个综合的概念。它并不要求技术特性越高越好，而是追求诸如性能、成本、数量、交货期、服务等因素的最佳组合，即所谓的最适当。

（2）ISO8402 中的质量定义

质量：反映实体满足明确或隐含需要能力的特性总和。该标准中质量的定义由两个层次构成。

第一个层次是产品或服务必须满足规定或潜在的需要，这种"需要"可以是技术规范中规定的要求，也可能是在技术规范中未注明，但用户在使用过程中实际存在的需要。"需要"是动态的、变化的、发展的和相对的，随时间、地点、使用对象和社会环境的变化而变化。因此，这里的"需要"实质上就是产品或服务的"适用性"。

第二个层次是在第一个层次的前提下实现的，即质量是产品特征和特性的总和。因为"需要"要加以表征，必须转化成有指标的特征和特性，这些特征和特性通常是可以衡量的，全部符合特征和特性要求的产品，就是满足用户需要的产品。因此，第二个层次实质上就是产品的符合性。

企业只有生产出用户适用的产品，才能占领市场。就企业内部来讲，企业也必须生产出符合质量特征和特性指标要求的产品。因此，企业除了要研究质量的"适用性"之外，还要研究质量的"符合性"。

（3）ISO9000：2000 中的质量定义

质量：一组固有特性满足要求的程度。

"质量"可使用形容词（如差、好或优秀）来修饰。"固有的"（其反义词是"赋予的"）是指某事或某物中本来就有的，尤其是那种永久的特性。

上述定义可以从以下几个方面去理解。

1）新概念较 ISO8402 中的定义更为明确

质量的新概念相对于 ISO8402 中的术语，更能直接地表述质量的属性，并简练而完整地明确了质量的内涵。质量可存在于各个领域或任何事物中，对质量管理体系来说，质量的载体主要是指产品、过程和体系。质量由一组固有特性组成，这些固有特性是指满足顾客和其他相关方要求的特性，并由其满足要求的程度加以表征。

2）特性是指区分的特征

固有特性是通过产品、过程或体系设计和开发及其后之实现过程所形成的属性，如物质特性（如机械、电气、化学或生物特性）、感官特性（如用嗅觉、触觉、味觉、视觉等感觉控测的特性）、行为特性（如礼貌、诚实、正直）、时间特性（如准时性、可靠性、可用性）、人体工效特性（如语言或生理特性、人身安全特性）、功能特性（如飞机最高速度）等。这些固有特性的要求大多是可测量。赋予的特性（如某一产品的价格）并不是产品、体系或过程的固有特性。

3）满足要求

满足要求就是应满足明示的（如明确规定的）、通常隐含的（如组织的惯例、一般习惯）或必须履行的（如法律法规、行业规则）的需要和期望。只有全面满足这些要求，才能被评定为好的质量或优秀的质量。

4）"需求"的动态变化

顾客和其他相关方对产品、体系或过程的质量要求是动态的、发展的和相对的。它将随着时间、地点、环境的变化而变化。因此，应定期对质量进行评审，按照变化的需要和期望，相应地改进产品、体系或过程的质量，确保持续地满足顾客和其他相关方的要求。

2. 质量管理的概念

质量管理是指在质量方面指挥和控制组织的协调的活动。质量管理通常包括制定质量方针和质量目标以及质量策划、质量控制、质量保证和质量改进。

3. 质量管理的发展过程

（1）质量检验阶段

20 世纪以前，产品质量主要依靠操作者本人的技艺水平和经验来保证，属于"操作者的质量管理"。20 世纪初，随着科学管理理论的产生，产品质量检验从加工制造中分离出来，质量管理的职能由操作者转移给工长，这时是"工长的质量管理"。随着企业生产规模的扩大和产品复杂程度的提高，产品有了技术标准（技术条件），各种检验工具和检验技术也随之发展，大多数企业开始设置检验部门，有的直属于厂长领导，这时是"检验员的质量管理"。这几种做法都属于事后检验的质量管理方式。

（2）统计质量控制阶段

20 世纪 20 年代，美国数理统计学家提出控制和预防缺陷的概念。与此同时，美国贝尔实验室提出抽样检验的概念及其实施方案，成为运用数理统计理论解决质量问题的先驱，但当时并未被普遍接受。

以数理统计理论为基础的统计质量控制的推广应用始于第二次世界大战。由于事后检验无法控制武器弹药的质量，美国国防部决定把数理统计方法用于质量管理，并由标准协会制订有关数理统计方法应用于质量管理方面的规划，成立了专门委员会，并于1941—1942年先后公布了一批质量管理标准。

（3）全面质量管理阶段

自20世纪50年代以来，随着生产力迅速发展和科学技术日新月异，人们对产品的质量从注重产品的一般性能发展为注重产品的耐用性、可靠性、安全性、维修性和经济性等，在生产技术和企业管理中要求运用系统的观点来研究质量问题。在管理理论上也有新的发展，突出重视人的因素，强调依靠企业全体人员的努力来保证质量。此外，随着"保护消费者利益"运动的兴起，企业之间的市场竞争越来越激烈。在这种情况下，全面质量管理的概念应运而生。

（二）全面质量管理

1. 全面质量管理的概念

（1）全面质量管理的提出

全面质量管理的思想最早是由美国统计学家和质量管理学家威廉·爱德华兹·戴明提出的。

20世纪50年代末，美国通用电气公司的费根堡姆和质量管理专家约瑟夫·莫西·朱兰提出了全面质量管理的概念，认为"全面质量管理是为了能够在最经济的水平上，并考虑到充分满足客户要求的条件下进行生产和提供服务，使企业各部门在研制质量、维持质量和提高质量的活动中成为一体的一种有效体系"。

20世纪60年代初，美国的一些企业根据行为科学管理理论，在企业的质量管理中开展了依靠职工"自我控制"的"无缺陷运动"，日本在工业企业中开展质量管理小组活动，使全面质量管理活动迅速发展起来。

（2）全面质量管理的含义

全面质量管理就是要把专业技术、经营管理和思想教育工作结合起来，建立起产品的研制设计、生产制造、售后服务等一整套质量保证体系，从而用最经济的手段，生产用户满意的产品。其基本核心是强调提高人的工作质量，保证设计质量和制造质量，从而保证产品质量，达到全面提高企业和社会经济效益的目的。全面质量管理可以概括为以下几点。

1）全面质量管理的对象——"质量"的含义是全面的，即广义的质量管理。

2）全面质量管理的范围是全面的，即产品质量产生、形成和实现的全过程的质量管理。

3）全面质量管理要求参加质量管理的人员是全面的，即全员性的质量管理。

4）全面质量管理用于管理质量的方法是全面的、多种多样的，即综合性的质量管理。

2. 全面质量管理的基本思想

（1）一切为用户着想

对一个企业来说，用户是指使用该企业的产品，因而受到产品的某些质量影响的人。企业的产品关系到满足人民日益增长的物质文化生活需要，工业产品的质量直接关系到广大人民群众的衣、食、住、行，以及社会主义现代化建设事业。

从另一个角度来看，企业生产的产品质量优劣直接影响到产品价值能否在市场上顺利地得到实现。因此，企业需要把生产出保证用户满意的优质产品作为企业经营的出发点和归宿。企业要增强责任感和事业心，坚持质量标准，从而使企业的最终产品满足用户的要求。

（2）一切凭数据说话

数据是质量管理的基础。离开了数据，就没有质量标准可言。生产过程是这样，管理过程同样也是这样，始终都要以数据为根据。靠数据说话，离不开对有关质量管理工作情况进行定量分析，以数据的形式揭露质量问题和反映质量水平。全面质量管理是一种科学管理，它要求以数理统计为基础，运用数理统计和图表对大量数据进行整理和分析，找出影响产品质量的主要因素及各种因素之间的联系，掌握质量变化的规律，以便有针对性地采取有效措施消除或预防质量偏差。是否用数据说话，是区别科学管理与经验管理的主要界限。特别是企业的领导，要反对那些只凭经验和主观臆测，而不是用数据处理问题、解决问题的工作作风。"大概""可能""差不多"等诸如此类模棱两可的判断是有害的。

（3）一切以预防为主

质量是设计和制造出来的，不是靠检验把关得来的。对已产生的废次品来说，检验只起到"死后验尸"的作用，并不能预防生产过程中废次品的产生。一旦产生废次品，就会造成原辅材料、设备、工时及其他费用的损失，而且在生产规模扩大、产量大幅度增长的情况下，单靠事后检验把关（即使是百分之百的检查），并不能保证废次品都被检出。因此，要求在废次品产生之前就采取措施做到事先预防。这就需要引进对生产过程的人、设备、原材料、方法和环境五大因素的控制管理，管因素而不是只管结果。

（4）一切按 PDCA 循环办事

PDCA 循环又叫戴明环，是美国质量管理专家戴明博士提出的，它是全面质量管理所应遵循的科学程序。PDCA 由英语单词 Plan（计划）、Do（执行）、Check（检查）和 Act（行动）的第一个字母组成，PDCA 循环就是按照这样的顺序进行质量管理，并且循环进行的科学程序。

P（Plan）计划：包括方针和目标的确定以及活动计划的制订。

D（Do）执行：具体运作，实现计划中的内容。

C（Check）检查：总结执行计划的结果，分清哪些对了、哪些错了，明确效果，找出问题。

A（Act）处理：对检查的结果进行处理，对成功的经验加以肯定，并予以标准化；对于失败的教训进行总结，以免重现。对于没有得到解决的问题，应提交给下一个 PDCA 循环去解决。

（三）建筑工程质量管理

1. 建筑工程质量

（1）建筑工程质量的概念

建筑工程质量是指国家现行的有关法律、法规、技术标准、设计文件及合同对建筑工程的安全、使用要求、经济技术标准、外观等特性的综合要求。

建筑工程质量管理是指为了达到建设工程质量要求而采取的作业技术和管理活动等。我国现行规范建设工程质量管理的法律主要有《建筑法》《标准化法》《产品质量法》，行政法规主要有《建设工程质量管理条例》《标准化法实施条例》，部门规章主要有《工程建设行业标准管理办法》《实施工程建设强制性标准监督规定》《工程建设标准强制性条文》《建设工程质量保证金管理暂行办法》《房屋建筑和市政基础设施工程质量监督管理规定》。此外，部分地方性法规及政府规章中也包含有关质量的规定。

（2）建筑工程质量的特点

与一般产品的质量相比较，建筑工程质量具有以下特点：影响因素多，隐蔽性强、终检局限性大，对社会环境影响大等。

1）影响因素多。建筑工程项目从筹建到决策、设计、材料、机械、环境、施工工艺、管理制度以及参建人员素质等均直接或间接地影响建筑工程质量。

2）隐蔽性强，终检局限性大。一些建筑工程尽管从表面上看质量很好，但是混凝土可能已经失去了强度，钢筋也已经被锈蚀得完全失去了作用，诸如此类的建筑工程质量问题在工程终检时是很难通过肉眼辨别出来的，有时即使使用了检测仪器和工具，也不一定能准确地发现问题。

3）对社会环境影响大。与建筑工程规划、设计、施工质量好坏有密切联系的不仅限于建筑的使用者，而是整个社会。建筑工程质量不仅直接影响人们的生产生活，而且还影响着社会可持续发展的环境，特别是有关绿化、环保和噪声等方面的问题。

2. 建筑工程标准

建筑工程标准是指对建筑工程的设计、施工方法和安全的要求以及关于建筑工程的技术术语、符号、代号和制图方法等的一般原则。建筑工程质量管理必须按照建筑工程标准来开展和进行。建筑工程标准依其效力强度可分为强制性标准与推荐性标准，依其适用范围可分为国家标准、行业标准及企业标准。

（1）强制性标准及推荐性标准

强制性标准是指直接涉及工程质量、安全、卫生及环境保护等方面的必须强制执行的工程标准强制性条文，任何违反强制性标准的行为都必须依法承担法律责任。在我国境内从事新建、扩建、改建等工程建设活动，必须执行强制性标准。

工程建设中拟采用的新技术、新工艺、新材料不符合现行强制性标准规定的，应当由拟采用单位提请建设单位组织专题技术论证，报批准标准的建设行政主管部门或国务院有关主管部门审定。工程建设中采用国际标准或国外标准而现行强制性标准没有规定的，建设单位应当向建设行政主管部门或国务院有关行政主管部门备案。

推荐性标准是指国家鼓励自愿采用的标准，具有示范指导作用，但不是必须适用的标准。根据《标准化法》的规定，推荐性标准只存在于国家标准及行业标准中，不存在推荐性地方标准和推荐性企业标准。

（2）国家标准、行业标准及企业标准

根据《建筑法》的规定，建筑工程标准分为国家标准、行业标准和企业标准三级。

1）国家标准

国家标准是对全国经济技术发展有重大意义，需要在全国范围内统一适用的技术要求。国家标准分为强制性标准和推荐性标准。以下是强制性标准的范围：工程建设的勘察、设计、施工及验收的技术要求；工程建设中有关安全、卫生、环境保护的技术要求；工程建设的术语、符号、代号、量与单位、建筑模数和制图方法；工程建设的试验、检验和评定方法；工程建设的信息技术要求等。强制性标准以外的是推荐性标准。

2）行业标准

行业标准是指由行业标准化主管机构或行业标准化组织发布的，在全国某一行业内统一适用的技术要求。根据《工程建设行业标准管理办法》的规定，对于没有国家标准而需要在全国某个行业范围内统一的技术要求，可以制定行业标准。行业标准不得与国家标准相抵触。有关行业标准之间应当协调、统一，避免重复。

行业标准在相应的国家标准实施后，应当及时修订或废止。行业标准也分为强制性标准与推荐性标准。

3）企业标准

企业标准是企业自行制定的适用于企业内部的标准。企业标准是技术水平等级最高的标准，对于国家标准及行业标准没有规定的，应当制定企业标准；对已有国家标准及行业标准的，国家鼓励企业标准高于国家标准及行业标准，但不得低于国家标准及行业标准中的强制性标准。

3. 加强建筑工程质量管理的必要性

（1）加强建筑工程质量管理是科技发展的需要。质量管理是指企业为了保证和提高工程质量，对各部门、各生产环节有关质量形成的活动，进行调查、组织、协调、控制、检验、统计和预测的管理方法。它是施工企业既经济又节约地生产符合质量要求的工程项目的综合手段。随着生产技术水平的不断提高，社会化的大生产成为可能，传统的质量管理方式已经不能满足生产的需要，这对质量管理提出了更高的要求。随着科学技术的发展，质量管理越来越为人们所重视，并逐渐发展成为一门新兴的学科。

（2）加强建筑工程质量管理是市场竞争的需要。随着经济的发展，我国的建筑工程质量和服务质量总体水平不断提高。一家企业要在市场上站住脚，必须有好的质量做保证。要从发展战略的高度来认识质量问题，质量关系到国家的命运、民族的未来；质量管理水平关系到行业的兴衰、企业的命运。

（3）加强建筑工程质量管理是国家建设的要求。作为建设工程产品的工程项目，投资和耗费的人工、材料、能源都相当大，投资者（业主）付出了巨大的投资，自然要求获得理想的，能够满足使用要求的产品，以期在预定时间内能发挥作用，为社会经济建设和物质文化生活需要作出贡献。工程质量的优劣，直接影响国家建设的速度。工程质量差本身就是最大的浪费，而且还会带来其他的间接损失，给国家和使用者造成的浪费、损失将会更大。因此，质量问题直接影响着我国经济建设的速度。

二、建筑工程安全管理

（一）安全管理

安全管理是一门技术科学，它是介于基础科学与工程技术之间的综合性科学。它强调理论与实践的结合，重视科学与技术的全面发展。安全管理的特点是把人、物、环境三者有机地联系起来，试图控制人的不安全行为、物的不安全状态和环境的不安全条件，解决人、物、环境之间不协调的矛盾，排除影响生产效益的人为和物质的阻碍事件。

1. 安全管理的定义

安全管理同其他学科一样，有其特定的研究对象和研究范围。安全管理是研究人的行为、机器状态、环境条件的规律及其相互关系的科学。安全管理涉及人、物、环境相互协调的问题，有其独特的理论体系，并运用理论体系提出解决问题的方法。与安全管理相关的学科包括劳动心理学、劳动卫生学、统计科学、计算科学、运筹学、管理科学、安全系统工程、人机工程、可靠性工程、安全技术等。在工程技术方面，安全管理已广泛地应用于基础工业、交通运输、军事及尖端技术工业等。

安全管理是管理科学的一个分支，也是安全工程学的重要组成部分。安全工程学包括安全技术、工业卫生工程及安全管理。

安全技术是安全工程的技术手段之一。它着眼于对生产过程中物的不安全因素和环境的不安全条件，采用技术措施进行控制，以保证物和环境安全、可靠，达到技术安全的目的。

工业卫生工程也是安全工程的技术手段之一。它着眼于消除或控制生产过程中对人体健康产生影响或危害的有害因素，从而保证安全生产。

安全管理则是安全工程的组织、计划、决策和控制过程，它是保障安全生产的一种管理措施。

总之，安全管理是研究人、物、环境三者之间的协调性，对安全工作进行决策、计划、组织、控制和协调，从法律制度、组织管理、技术和教育等方面采取综合措施，控制人、物、环境的不安全因素，以实现安全生产为目的的一门综合性学科。

2. 安全管理的目的

企业安全管理是指遵照国家的安全生产方针、安全生产法规，根据企业的实际情况，从组织管理与技术管理方面提出相应的安全管理措施，在国内外安全管理经验教训、研究成果的基础上，寻求适合企业实际的安全管理方法。这些管理措施和方法的作用在于控制和消除影响企业安全生产的不安全因素、不卫生条件，从而保障企业生产过程中不发生人身伤亡事故和职业病，不发生火灾、爆炸事故，不发生设备事故。因此，安全管理的目的包含以下内容。

（1）确保生产场所及周边区域范围内人员的安全与健康。要消除危险、危害因素，控制生产过程中伤亡事故和职业病的发生，保障企业内和周边人员的安全与健康。

（2）保护财产和资源。要控制生产过程中设备事故和火灾、爆炸事故的发生，避免由不安全因素导致的经济损失。

（3）保障企业生产顺利进行。提高效率，促进生产发展，是安全管理的根本目的和任务。

（4）促进社会生产发展。安全管理的最终目的是维护社会稳定、建立和谐社会。

3. 安全管理的主要内容

安全与生产是相辅相成的，没有安全保障，生产就无法进行；反之，没有生产活动，也就不存在安全问题。通常所说的安全管理，是针对生产活动中的安全问题，围绕企业安全生产所进行的一系列管理活动。安全管理主要是控制人、物、环境的不安全因素，因此安全管理的主要内容大致如下。

第一，安全生产方针与安全生产责任制的贯彻实施。

第二，安全生产法规、制度的建立与执行。

第三，事故与职业病的预防与管理。

第四，安全预测、决策及规划。

第五，安全教育与安全检查。

第六，安全技术措施和计划的编制与实施。

第七，安全目标管理、安全监督与监察。

第八，事故应急救援。

第九，职业安全健康管理体系的建立。

第十，企业安全文化建设。

随着生产的发展，新技术、新工艺的应用，以及生产规模不断扩大，产品品种不断增多与更新，职工队伍不断壮大与更替，加上生产过程中环境因素随时变化，企业生产会出现许多新的安全问题。当前，随着改革的不断深入，安全管理的对象、形式及方法也随着市场经济要求的变化而发生变化。因此，安全管理的工作内容要不断适应生产发展的要求，随时调整和加强工作重点。

4. 安全管理的产生和发展

（1）安全管理的产生

1）安全意识的出现。科学的产生和发展，从一开始便是由生产所决定的。安全管理这门学科和其他学科一样，也是随着生产的发展，特别是工业生产的发展而发展的。

自人类出现开始，安全问题就存在。人类需要保护自己，与自然灾害作斗争，警惕凶猛野兽的袭击和强大邻居的骚扰，他们有觉察危险迹象的本能，并且知道评价危险程度和做出防护反应。

科学技术的进步、生产的发展，提高了生产力，促进了社会的发展。然而，在科技进步和生产发展的同时，也会产生许多威胁人类安全与健康的问题。要解决这些问题就需要从安全管理、安全技术、职业卫生等方面采取措施。

2）安全隐患。火的出现和应用，改变了人类的饮食，促进了人类文明，为生产和生活提供热源等，但是在使用过程中往往会引起灼烫、火灾、爆炸等事故。为了防止灼烫、火灾、爆炸等事故发生，就需要消防管理、防火防爆安全技术措施来应对。

电是能源、动力，现代社会离不开电，但人们在发电、送电、变配电和用电过程中往往会发生触电、电气火灾、电离辐射等事故和职业危害。为了防止触电、电气火灾等事故发生，以及减少电离辐射危害，就需要对电气设备加强安全管理，并采取电气安全技术措施保证安全。

空压机、球磨机的发明和应用，提高了生产效率。但空压机、球磨机在运行过程中所生产的噪声、振动等给作业人员健康带来了一定的影响，这就需要采取管理与技术措施，解决噪声及振动的问题。

（2）安全管理的发展

18 世纪中叶，蒸汽机的发明促进了工业革命的发展，大规模的机械化生产开始出现，但是作业人员在极其恶劣的环境中每天从事超过 10 个小时的劳动，其安全和健康时刻受到机器的威胁，伤亡事故和职业病不断出现。为了确保生产过程中作业人员的安全和健康，一些学者开始研究劳动安全卫生问题，采用多种管理和技术手段改善作业环境与作业条件，丰富了安全管理和安全技术的内容。

20 世纪初，现代工业兴起并快速发展，但重大事故和环境污染相继发生，造成了大量的人员伤亡和巨大的财产损失，给社会带来了极大的危害，使人们不得不在一些企业设置专职安全人员和安全机构，开展安全检查、安全教育等安全管理活动。

20 世纪 30 年代，很多国家设立了负责安全生产管理的政府机构，颁布了劳动安全卫生法律法规，逐步建立了较完善的安全教育、安全检查、安全管理等制度，进一步丰富了安全生产管理的内容。

20 世纪 50 年代，经济快速增长，使人们的生活水平迅速提高，创造就业机会、改善工作条件、公平分配国民生产总值等问题，引起了越来越多经济学家、管理学家、安全工程专家和政治家的注意。工人强烈要求不仅要有工作机会，还要有安全和健康的工作环境。一些工业化国家进一步加强了安全生产法律法规体系建设，在安全生产方面投入了大量资金进行科学研究，产生了一些安全生产管理原理、事故预防原理和事故模式理论等风险管理理论，以系统安全理论为核心的现代安全管理思想、方法、模式和理论基本形成。

20 世纪末，随着现代制造业和航空航天技术的飞速发展，人们对职业安全卫生问题的认识也发生了很大的变化，安全生产成本、环境成本等成为产品成本的重要组成部分，职业安全卫生问题成为非官方贸易壁垒的利器。在这种背景下，"持续改进""以人为本"的健康安全管理理念逐渐被企业管理者所接受，以职业健康安全管理体系为代表的企业安全生产风险管理思想开始形成，现代安全生产管理的内容更加丰富，现代安全生产管理理论、方法、模式以及相应的标准、规范更加成熟。

5. 安全管理的原理与原则

安全管理作为管理的重要组成部分，既遵循管理的普遍规律，服从管理的基本原理与原则，又有其特殊的原理与原则。

原理是对客观事物的实质内容及其基本运动规律的表述。原理与原则之间存在内在的、逻辑对应的关系。安全管理原理是从生产管理的共性出发，对生产管理工作的实质内容进行科学分析、综合、抽象与概括所得出的生产管理规律。原则是由对客观事物基本规律的认识引发出来的，是需要人们共同遵循的行为规范和准则。安全生产原则是指在生产管理原则的基础上，指导生产管理活动的通用规则。

原理与原则的本质与内涵是一致的。一般来说，原理更基本，更具有普遍意义；原则更具体，对行动更有指导性。

（1）系统原理

1）系统原理的含义

系统原理是指运用系统论的观点、理论和方法来认识和处理管理中出现的问题，对管理活动进行系统分析，以达到管理的优化目标。

系统是由相互作用和相互依赖的若干部分组成的，具有特定功能的有机整体。任何管理对象都可以作为一个系统。系统可以分为若干子系统，子系统可以分为若干要素，即系统是由要素组成的。按照系统的观点，管理系统具有 6 个特征，即集合性、相关性、目的性、整体性、层次性和适应性。

安全管理系统是生产管理系统的一个子系统，包括各级安全管理人员、安全防护设备与设施、安全管理规章制度、安全生产操作规范和规程，以及安全生产管理信息等。安全贯穿于整个生产活动过程中，安全生产管理是全面、全过程和全员的管理。

2）运用系统原理的原则

①动态相关性原则。动态相关性原则表明：构成管理系统的各要素是运动和发展的，它们既相互联系又相互制约。如果管理系统的各要素都处于静止状态，就不会发生事故。

②整分合原则。高效的现代安全生产管理必须在整体规划下明确分工，在分工的基础上有效综合，这就是整分合原则。运用该原则，要求企业管理者在制定整体目标和进行宏观策划时，必须将安全生产纳入其中，在考虑资金、人员和体系时，必须将安全生产作为其中的一个重要内容。

③反馈原则。反馈原则认为反馈是控制过程中对控制机构的反作用。成功、高效的管理，离不开灵活、准确、快速的反馈。企业生产的内部条件和外部环境是不断变化的，必须及时捕获、反馈各种安全生产信息，以便及时采取行动。

④封闭原则。在任何一个管理系统内部，管理手段、管理过程必须构成一个连续封闭的回路，才能形成有效的管理活动，这就是封闭原则。封闭原则告诉我们，在企业安全生产中，各管理机构之间、各种管理制度和方法之间，必须具有紧密的联系，形成相互制约的回路。

（2）人本原理

1）人本原理的含义

在安全管理中把人的因素放在首位，体现以人为本，这就是人本原理。以人为本有两层含义：一是一切管理活动都是以人为本展开的，人既是管理的主体，又是管理的客体，每个人都处在一定的管理层面上，离开人就无所谓管理；二是在管理活动中，作为管理对象的要素和管理系统各环节，都需要人掌管、运作、推动和实施。

2）运用人本原理的原则

①动力原则。推动管理活动的基本力量是人，管理必须有能够激发人的工作能力的动力，这就是动力原则。对于管理系统，有三种动力：物质动力、精神动力和信息动力。

②能级原则。现代管理认为，单位和个人都具有一定的能量，并且可按照能量的大小顺序排列，形成管理的能级，就像原子中电子的能级一样。在管理系统中，建立一套合理的能级，根据单位和个人能量的大小安排其工作，发挥不同能级的能量，保证结构的稳定性和管理的有效性，这就是能级原则。

③激励原则。管理中的激励就是利用某种外部诱因的刺激，调动人的积极性和创造性。以科学的手段，激发人的内在潜力，使其充分发挥积极性、主动性和创造性，这就是激励原则。人的工作动力源于内在动力、外部压力和工作吸引力。

（3）预防原理

1）预防原理的含义

安全生产管理工作应该做到预防为主，通过有效的管理和技术手段，减少和防止人的不安全行为和物的不安全状态，达到预防事故的目的。在可能发生人身伤害、设备或设施损坏和环境破坏的场合，事先采取措施，防止事故发生。

2）运用预防原理的原则

①事故是可以预防的。生产活动过程都是由人来进行规划、设计、施工、生产运行的，人们可以改变设计、施工方法和运行管理方式，避免事故发生。同时可以寻找引起事故的本质因素，采取措施，予以控制，达到预防事故的目的。

②因果关系原则。事故的发生是许多因素互为因果连续发生的最终结果，只要诱发事故的因素存在，发生事故是必然的，只是时间或迟或早而已，这就是因果关系原则。

③3E原则。造成事故的原因可归纳为4个方面：人的不安全行为、设备的不安全状态、环境的不安全条件以及管理缺陷。针对这4个方面的原因，可采取三种防止对策：工程技术对策、教育对策和法制对策，即所谓的3E原则。

④本质安全化原则。本质安全化原则是指从一开始和从本质上实现安全化，从根本上消除事故发生的可能性，从而达到预防事故发生的目的。

（4）强制原理

1）强制原理的含义

采取强制管理的手段控制人的意愿和行为，使人的活动、行为等受到安全生产管理要求的约束，从而实现有效的安全生产管理。所谓强制就是绝对服从，不必经过被管理者的同意便可采取的控制行动。

2）运用强制原理的原则

①安全第一原则。安全第一就是要求在进行生产和其他工作时把安全放在一切工作的首要位置。当生产和其他工作与安全发生矛盾时，要以安全为主，生产和其他工作要服从于安全。

②监督原则。监督原则是指在安全活动中，为了使安全生产法律法规得到落实，必须设立安全生产监督管理部门，对企业生产中的守法和执法情况进行监督，监督主要包括国家监督、行业管理、群众监督等。

（二）建筑工程安全管理的内涵

1. 建筑工程安全管理的概念

建筑工程安全管理是指为了保护产品生产者和使用者的健康与安全，控制影响工作场所内员工、临时工作人员、合同方人员、访问者和其他有关部门人员健康和安全的条件和因素，考虑和避免因使用不当对使用者造成健康和安全的危害而进行的一系列管理活动。

2. 建筑工程安全管理的内容

建筑工程安全管理的内容是建筑生产企业为达到建筑工程职业健康安全管理的目的，所进行的指挥、控制、组织、协调活动，包括制定、实施、实现、评审和保持职业健康安全所需的组织机构、计划活动、职责、惯例、程序、过程和资源。不同的组织（企业）根据自身的实际情况制定方针，并为实施、实现、评审和保持（持续改进）建立组织机构、策划活动、明确职责、遵守有关法律法规和惯例、编制程序控制文件，实行过程控制并提供人员、设备、资金和信息资源，保证职业健康安全管理任务的完成。

3. 建筑工程安全管理的特点

（1）复杂性

建筑产品的固定性和生产的流动性及受外部环境影响多，决定了建筑工程安全管理的复杂性。

1）建筑产品生产过程中生产人员、工具与设备的流动性主要表现在以下几个方面。

①同一工地不同建筑之间的流动。

②同一建筑不同建筑部位上的流动。

③一个建筑工程项目完成后，又要向另一新项目动迁的流动。

2）建筑产品受外部环境影响多，主要表现在以下几个方面。

①露天作业。

②气候条件变化的影响。

③工程地质和水文条件变化的影响。

④地理条件和地域资源的影响。

由于生产人员、工具和设备的交叉和流动作业，受外部环境影响多，使职业健康安全管理很复杂，若考虑不周则会出现问题。

（2）多样性

建筑产品的多样性和生产的单件性决定了职业健康安全管理的多样性。建筑产品的多样性决定了生产的单件性。每一个建筑产品都要根据其特定要求进行施工，主要表现在以下几个方面。

1）不能按同一图样、同一施工工艺、同一生产设备进行批量重复生产。

2）施工生产组织及结构变动频繁，生产经营的"一次性"特征特别突出。

3）生产过程中实验性研究课题多，所碰到的新技术、新工艺、新设备、新材料给职业健康安全管理带来不少难题。

因此，对于每个建筑工程项目都要根据其实际情况，制订健康安全管理计划，不可相互套用。

（3）协调性

建筑产品生产过程的连续性和分工性决定了职业健康安全管理的协调性。建筑产品不能像其他许多工业产品一样分解为若干部分同时生产，必须在同一固定场地，按照严格的程序连续生产，上一道程序不完成，下一道程序不能进行，上一道程序生产的结果往往会被下一道程序所掩盖，而且每一道程序由不同人员和单位完成。因此，在建筑施工安全管理中，要求各单位和专业人员横向配合与协调，共同注意产品生产过程接口部分安全管理的协调性。

（4）持续性

建筑产品生产的阶段性决定了职业健康安全管理的持续性。一个建筑项目从立项到投产要经过设计前的准备阶段、设计阶段、施工阶段、使用前的准备阶段（包括竣工验收和试运行）、保修阶段五个阶段。这五个阶段都要十分重视安全问题，持续不断地对项目各个阶段可能出现的安全问题实施管理。否则，一旦在某个阶段出现安全问题就会造成投资的巨大浪费，甚至造成工程项目建设的夭折。

第四节　施工现场管理

随着我国社会经济的高速发展，人们对建筑质量有了更高的追求。应改进和完善建筑工程施工技术，促进建筑企业的发展。在了解现场管理重要性的基础上，指出其中存在的问题，针对建筑工程施工技术进行分析，加强施工现场管理。优化管理工作，提升管理人员的综合素质，强化质量监督，运用先进的技术手段提升施工质量，保证施工安全。

一、建筑工程施工现场管理的作用

施工现场管理极为重要，紧密联系着建筑工程施工，施工现场管理包括水电设施、安全保障、道路无阻等管理工作。只有提升施工现场管理水平，施工秩序才能得到保障。房屋建筑质量影响着人们的生命安全，将建筑工程房屋建筑施工纳入质量管理，实施全面的控制，可以有效预防安全事故的发生。在保证房屋整体质量的基础上，为人们提供更舒适的居住空间，使人们对建筑充满安全感。我国建筑行业飞速发展，建筑企业之间的竞争越来越激烈，建筑企业要想提升市场竞争力，就要强化施工质量管理，进行全程监控，防止出现工期延误的问题，提升企业形象。同时，强化工程管理，完善监管流程，防止出现偷工减料、恶意施工的行为，为企业赢得更大的经济效益。建筑工程施工现场的科学合理管理能够杜绝资源的浪费，大大降低安全事故的发生概率，提升建筑企业的经济效益和社会效益，提升企业的美誉度，树立良好的企业形象。

二、建筑工程施工现场管理存在的问题

（一）施工前期存在的问题

图纸审核做得不到位，导致与施工要求出现偏差，造成施工质量降低。施工的预算和实际情况出入较大，没有采用科学的技术方法进行合理核算，造成施工成本提高，给施工企业带来经济上的压力。施工材料、设备准备不足，设备没有经过严格的检查，正式施工时出现机器故障，严重影响房屋建设进度。

（二）管理体系有待完善

任何一项工作的有序实施都需要建立在健全的制度上，制度能够有效地约束人们的行为。我国建筑

工程房屋建设缺乏完善的管理体系，导致管理缺乏统一的安排和部署，在实际工作中极为混乱，也没有准确设立各个环节的质量管理目标。在施工过程中缺乏统一的施工标准，无法保证最终的施工质量。虽然企业制定了施工现场管理制度，但是有一些人并没有按照要求进行施工现场管理。他们的专业能力较差，管理意识淡薄，严重影响了房屋施工进度，也降低了工程质量，甚至还会引起安全事故的发生。此外，企业的奖惩制度不健全，降低了员工的工作积极性，员工的施工行为较随意，整体质量管理工作流于形式，无法真正落实质量管理。

（三）管理队伍综合素质不高

房屋建筑工程是较为复杂、涉及面较广的工程，需要运用多种知识，要求管理人员具备相应的法律法规意识，具有专业的基础知识和管理经验才能发挥作用。但是我国大部分建筑施工企业管理人员综合素质不高，缺乏专业知识，不能及时找出施工过程中存在的问题，也无法对问题进行科学处理。管理队伍的工作能力较低，导致整体施工水平落后。

三、建筑工程施工现场管理的原则

建筑工程施工现场要在科学合理的基础上，做到人力、物力、财力的优化配置。施工过程中要严格规范流程并采用标准的操作方法，强化技术管理。为了实现和获得更高的经济效益和社会效益，在实际生产过程中需要注重成本的控制，杜绝浪费。施工现场管理应标准化、规范化、严谨化，要想保障建筑工程施工顺利进行，各个环节应统一，杜绝随意性，严格按照步骤实施程序，提升工程施工的整体效率。

四、建筑工程施工现场管理的优化措施

（一）建立健全管理制度

建筑企业要完善质量管理体系，根据施工的实际情况和市场需求制订管理方案。通过完善的质量管理体系，让每一名员工都明确自己的工作职责，严格约束自己的行为。要定期抽查施工质量，落实奖惩制度，对操作随意的工作人员进行惩罚，对表现优异的工作人员进行奖励，提升员工的工作积极性，保证建筑工程每一个环节的质量。

（二）培养优秀的管理队伍

建筑施工企业在招聘管理人员时要提高招聘标准，应聘用具有管理基础知识、专业技能和经验丰富的人才。针对在职管理人员加强培训，提高管理人员的素质，提升员工的信息技术应用水平，使其拥有创新意识，与时俱进地做好房屋建筑施工的管理工作，保证房屋建筑施工质量达标。

（三）准确应用图纸、材料、技术

在建筑工程正式施工前，要进行施工图纸和施工现场实际情况的对比。技术人员要非常了解图纸的内容和要求，结合实际情况进行有效施工，保证施工的安全和质量。制定建筑工程现场施工材料检验制度。施工材料和设备质量的好坏对房屋建筑工程的质量有着重要的影响。要建立材料检验制度，严把质量关。检测技术人员要进行严格的检测，保证材料的质量，有效推动施工正常进行。要建立资料管理制度，完善的资料可以反映一个房屋建筑工程在长期施工中生产经营实践的技术标准，使工作人员了解整个工程的细节资料。资料管理需要相关人员进行审定、整理和分类，能够真实反映房屋建筑工程的施工管理技术情况，可以为维护和扩建工作提供相应的理论基础，保证后期工作顺利进行。

（四）落实质量监督工作

要根据建筑工程现场施工的不同特点，有针对性地采取技术管理措施，把相关责任落实到具体部门。要提高现场管理人员的专业素质及管理水平，落实施工现场管理制度，做好质量监督工作，形成更加有序的施工现场作业。

施工企业只有不断完善施工技术，充分运用先进的设备和工艺，加强施工现场管理，才能提升建筑工程质量。要不断发挥施工技术及施工现场管理的作用，提升建筑工程施工水平。

第五节　合同管理

建设工程合同是建筑工程、桥梁工程、水利建设工程等所有工程建设合同的总称。建设工程合同是承包人进行工程建设，发包人进行资金支付的凭证。建设工程合同属于承揽合同，通常包括工程勘测合同、设计合同、施工合同。加强建设工程合同管理，能提高工程管理水平和社会综合效益。本节从合同管理的现实意义和存在的问题出发，对合同管理做简单的论述。

一、建筑工程建设中加强合同管理的意义

（一）加强合同管理是规范各个参建方行为的需要

在当今市场经济条件下，建筑市场经济活动是经济发展的支柱。但是建筑行业诚信经营和法治观念缺失现象十分严重，不正当竞争、"豆腐渣"工程屡见不鲜，承包双方履行合同的自律性极差。现阶段我国市场经济体制不能完全发挥自身的功能，使建筑行业的市场经济秩序更加不规范。因此，政府在工程建设中加强对建设工程合同的管理，规范建筑行业的市场交易行为，能够在经济快速发展的同时使建筑行业走上健康发展的道路。

（二）加强合同管理是市场经济的要求

我国社会主义市场经济体制正在进一步完善，加上政府职能不断转变，政府在宏观调控市场的同时也开始运用法律法规、市场经济自身调节来进一步管理建筑行业，行政干涉逐渐消失。建筑行业的市场主体是承包商，建筑行业的生产管理活动必须按照市场经济的规律运行，而强化合同管理就是其中最为关键的部分，这和经济直接挂钩。因此，加强建设工程合同管理，是市场经济的必然要求。

（三）加强合同管理是增强国际竞争力的需要

在经济全球化的背景下，我国的建筑企业大量进入国际市场，国外的承包商也进入我国的建筑行业，在竞争日益激烈的环境下，我国的施工企业由于对国际合同条款解读不深刻，引起的工程纠纷很多。另外，我国的许多施工企业由于对FIDIC条款认识不清，在国际建筑市场的竞争机会为零。此外，我国的承包商在工程建设过程中特别不注重建设规程，为此付出的经济代价是巨大的。综观国际市场，我国的建筑企业应该树立国际化竞争意识，按照国际惯例进行工程竞争，特别要加强对合同的管理和解读，建立一个行之有效的合同管理制度，从而在国际竞争中抢得先机。

二、建筑工程建设中合同管理存在的问题

合同管理中存在的问题各种各样，但总体来说可以概括为合同签订阶段的问题、合同履约阶段的问

题两个方面。

（一）合同签订阶段的问题

这个阶段存在的问题是以后合同能否履约的关键。在合同的签订中常常会出现诸如"君子协定"这样的合同，这样的合同没有合同实体，是当事人双方的口头约定，一旦时间跨度很长，加上没有书面协定，如果一方毁约，那么损失的赔付就不可能实现。

（1）签订的合同无效：违反法律、行政法规的强制性规定而签订的合同属于无效合同，无效合同是不受法律保护的。在实际的工程建设中，无效合同造成的经济损失和不安全因素很多。

（2）合同的主体找不到：合同成立必须有合同主体，这是合同成立的必要条件之一。我们所说的合同主体是指具有民事权利能力和民事行为能力的合同当事人；这里我们要强调的是，承包商的工程建设资质也是合同主体的必要部分。

（3）合同文字使用不当：合同文字使用不当是造成合同误解和歧义的主要原因，也是引起经济官司的原因之一。因此，在订立合同的时候就应该对措辞造句慎之又慎，合同文字最好能体现出双方的真实意思，真实意思的体现只能靠合同文字的使用准确性。

（4）国际合同差异的存在：在我国加入 WTO 后，国际工程中合同的翻译和理解是一个很大的难题，如果我们没有专业的翻译，就很难规避国际工程中的有关条款和惯例，造成损失也就不奇怪了。

（二）合同履约阶段的问题

合同签订之后，最容易出现的问题就是履约不及时等。合同履约过程中出现的问题有：不及时沟通，出现问题后互相推诿；合同项目变更不及时，造成严重的经济损失；应重视证据（资料）的法律效力但没有足够重视，并不是所有书面证据都具有法律效力的，有效的证据应当是原件的、与事实有关的、有盖章和（或）签名的、有明确内容的、未超过期限的；仅注意了主要义务的履行，没有注意随附义务的履行。有些义务要求对方履行的时间很长。如在质保期内发现质量问题，应及时向对方反映，这不仅仅是服务质量的问题，更是一个法律问题。

三、建设工程合同管理的对策

（一）建立专门的合同管理部门

合同管理不是简单地对合同进行管理，而是要认真地研究合同条款的内容，对合同涉及的工程项目以及法人代表的资质要有深入的认识。合同具有法律效力且受到法律保护，已经成为社会整体关系的一部分了，涉及的知识面和专业面很广。因此，施工企业应该成立专门的合同管理机构或者聘请专业律师，对合同中的每一个条款进行专业的审核，特别是施工合同中的"专用条款"部分需要专业律师认真琢磨，其中的"合同价款与支付"以及"违约"值得特别重视，如"合同价款与支付"中的合同价款及调整、价款风险范围以及合同价款调整方法，"违约"中的如因承包方原因而延期的违约责任等，合同中的重要条款还必须同时让该工程的工程负责人完全了解并执行。只有这样，才能在双方当事人的共同履约中体现合同的重要性，同时使其成为经济效益的有力保证。

（二）提高合同管理人员的素质

合同能给企业带来效益，关键是看合同管理人员的素质能否满足合同管理要求。提高合同管理人员的业务素质和自身素养，是合同管理的关键，而施工企业在内部挖掘高素质的优秀合同管理人员，是企业自身建设的需要。通过内部的挖掘和培训，组织一批懂法律、懂管理、懂业务、懂财务、懂外语的人才，不仅能增强企业自身的市场竞争力，也是对企业内部育人环境的发掘。选择本企业的优秀人才进行合同管理，能更好地理解企业理念，做到事半功倍。

（三）建立合同信息管理系统

进入信息时代，工程信息量不断增加，现代化工程项目的规模也在进一步变大，各个工程之间信息交流的频率非常之快，工程建设信息管理要求也越来越高。

施工合同在签订、履行的过程中所产生的信息量是巨大的，可为合同管理者提供翔实宝贵的经验。合同信息管理必须从两个方面入手，一是建立信息管理系统，利用网络优势进行信息共享，学习先进的合同管理模式，从而有效地缩减管理支出；二是加强参建各方信息的管理，做到有的放矢。

（四）对合同管理进行监督

在工程建设过程中，不仅要做好合同管理工作，还要对合同的管理和实施进行监督。合同监督能有效地防止合同履约行为的失效和不及时，能够按照合同对工程建设进行各方面监督。实时对合同管理进行监督，能尽早发现和杜绝施工的错误，按照合同的要求及时调整施工进度，有效减少损失。

（五）加强施工合同中的索赔管理

市场经济下的工程建设离不了合同索赔，因此加强合同索赔管理是市场发展的一项重要内容，我国的施工企业普遍对索赔认识不足，因此，在国际工程中经济损失是巨大的。合同管理应该采取最为有效的合同管理策略和索赔策略，要随时了解施工现场的情况，根据法律法规，有效地保护施工的经济效益，更重要的是，尽快适应国际工程的规范要求，使施工企业更具有竞争力。

第六节　风险管理

风险管理是指面临风险者进行风险识别、风险估测、风险评价、风险控制，以减少风险负面影响的决策及行动过程。或者说风险管理是在项目实施期间识别和控制能够引起不希望的变化的潜在领域和事件的形式、系统的方法。

在工程项目管理中，风险管理是对实现项目目标的主动控制，先对项目的风险进行识别，然后将这些风险定量化，对风险进行控制。国际上把风险管理看作项目管理的重要组成部分，风险管理和目标控制是项目管理的两大基础，在发达国家和地区，风险转移是工程风险管理对策中采用最多的措施，工程索赔、工程保险和工程担保是风险转移的常用方法。

一、工程项目常见的风险

工程项目的风险因素主要是指经济方面的风险、合同签订和履行方面的风险以及技术与环境方面的风险等。

（一）经济方面的风险

主要包括：①招标文件。这是招标的主要依据，设计图纸、工程质量要求、合同条款以及工程量清单等都存在潜在的风险。②要素市场价格。要素市场包括劳动力市场、材料市场、设备市场等，这些市场价格的变化，特别是价格的上涨，将直接影响工程承包价格。③金融市场因素。金融市场因素包括存贷款利率变动、货币贬值等都会影响到施工企业的经济效益。④资金、材料、设备供应。主要表现为工程发包人供应的资金、材料或设备质量不合格或供应不及时等。⑤国家政策调整。国家对工资、税种和税率等方面实行宏观调控会给施工企业带来一定的经济风险。

(二) 合同签订和履行方面的风险

主要包括：①存在缺陷、显失公平的合同。合同条款不全面、不完善，文字不细致、不严密，致使合同存在漏洞。存在不完善或没有转移风险的担保、索赔、保险等条款，缺少因第三方影响而造成工期延误或经济损失的条款，存在单方面的约束性、过于苛刻的权利等不平衡条款，即所谓霸王条款。②发包人资信因素。工程发包人经济状况恶化，导致履约能力变差，无力支付工程款；工程发包人信誉差，不诚信，不按合同约定结算，有意拖欠工程款等。③分包方面。由于选择分包商不当，遇到分包商违约，不能按质按量按期完成分包工程，从而影响整个工程的进度或产生经济损失。④履约方面。合同履行过程由于发包人派驻工地代表或监理工程师工作效率低下，不能及时解决遇到的问题，甚至发出错误的指令等。

(三) 技术与环境方面的风险

一般是指不可控方面的风险，主要包括：①地质地基条件。工程发包人提供的地质资料和地基技术要求有时与实际出入很大，处理异常地质情况或遇到其他障碍物会增加工作量和延长工期。②水文气象条件。主要表现为异常天气的出现，如台风、暴风雨、雪、洪水、泥石流、塌方等不可抗力的自然现象和其他影响施工的自然条件会造成工期拖延和财产损失。③施工准备。业主提供的施工现场存在周边环境等方面自然与人为的障碍或"三通一平"等准备工作不足，导致施工企业不能做好施工前的准备工作，给正常施工带来困难。④设计变更或设计图纸供应不及时。设计变更或设计图纸供应不及时，会延误施工进度造成施工企业经济损失。⑤技术规范。尤其是技术规范以外的特殊工艺，当发包人没有明确采用的标准、规范，在工序开展过程中又未能较好地进行协调和统一时，就会影响以后工程的验收和结算。⑥施工技术协调。例如，工程施工过程中出现与自身技术专业能力不相适应的工程技术问题，各专业间存在不能及时协调的困难；工程发包人管理水平差，对承包人提出需要发包人解决的技术问题，未能及时答复等。⑦地方安全风险。如施工现场或办公场地突然出现恐怖活动，某一地区发生战争以及当地治安环境恶化等会给工程项目带来经济风险。

二、工程项目风险防范的方式

对于工程项目风险的防范通常是建立风险管理策略和规划，并在工程项目的生命周期中不断控制风险。

制定风险管理策略和规划的依据如下。

（1）工程项目规划中包含或涉及的有关内容，如项目目标、项目规模、项目利益相关者的情况、项目复杂程度、所需资源、项目时间段、约束条件及假设前提等。

（2）项目组织及个人所经历和积累的风险管理经验及实践。

（3）决策者、责任方及授权情况。

（4）项目利益相关者对项目风险的敏感程度及可承受能力。

（5）可获取的数据及管理系统情况。

（6）风险管理模板，以使风险管理标准化、程序化。

风险管理规划一般通过规划会议的形式制定。风险管理规划将针对整个项目生命周期制定如何组织和进行风险识别、风险评估、风险量化、风险应对及风险监控的规划。风险管理规划应包括方法、人员、时间周期、类型级别及说明、基准、汇报形式、跟踪。

经过风险管理策略和规划，我们防范风险一般可采取控制风险、转移风险和保留风险三种方式。

三、工程项目防范风险的措施

（一）以施工合同为基础的索赔

索赔的证据包括招投标文件、会议纪要、来往信函、指令或通知、施工组织设计、施工现场的各种记录、工程照片、气象资料、各种验收报告、有关原始凭证、国家发布的相关规定及有效信息。在对业主索赔的过程中，要把协商或合同解决经济损失作为上策，若确实协商无法解决，只有收集充足的证据，并在有效时限内诉诸法律解决，特别是对于那些诚信度极低且恶意"玩空手道"拖欠工程款的业主，只有将其送上被告席。

（二）防范违法工程的风险

此类风险主要出现在议标工程中，防范的途径有：①了解业主和有关部门落实的工程是否合法。②如果其合法性得不到落实，则在合同中约定支付高比例的进度款和中间结算，切勿垫资；或要求对方和第三方提供担保，以保证工程款的支付及非自己原因导致的损失，其担保由对方承担。

（三）防范"烂尾楼"工程的风险

施工企业的风险在于工程款不能回收，停工、窝工损失得不到赔偿。防止风险发生的途径是，不承诺垫资，履约保证金只能出具保函，一旦拖欠进度款，即向其发出限期催款函，如仍不支付，则果断停工（这是行使《民法典》中的不安抗辩权），除非业主支付或提供了充分、适当的担保，方可继续施工。

（四）防范垫资工程的风险

垫资施工风险的规避可从两个方面进行：①要求业主请第三方提供充分、适当的担保（如银行保函、抵押等）。②将风险转移给材料商和分包商。我国《民法典》规定了债权、债务和合同的转让，施工企业的工程款项的债权转让给分包商和材料商不需经业主同意，只需通知业主即可。但债权转让必须注意以下几点：①分包合同、材料购销合同的约定支付额度不得高于总包合同约定的进度款的支付额度。②分包工程的核量和材料购销的对账要及时准确。③分包合同和材料购销合同应明确约定，当业主拖欠总包工程款的额度大于分包欠款或材料欠款一定比例时，或者由于分包人的原因致使总包工程款不能按合同规定的时间确认时，分包商、材料商收到总包人债权转让通知后，同意受让债权额度为总包所欠分包或材料商的债务额度。

（五）防范材料和劳务分包的风险

分包合同一定要与有能力独立承担民事责任的法人单位签订，即使有时合同细节尚未落实而需先行进场，也应先签订一个非常简单的协议，表明分包单位是能独立承担民事责任的法人单位。

由于建筑工程在建设过程中存在越来越多的不确定性因素，风险管理正成为工程项目管理日益重要的组成部分。建筑工程由于投资规模大、建设周期长、生产的单件性和复杂性等特点，在实施过程中存在施工不确定的因素，受到天气、地质条件、市场材料等的影响较大，因此，比一般产品的生产具有更大的风险，通过有效的风险管理可以减小或者避免损失，因此，进行风险管理就显得尤为重要。

第七节 生产要素管理

一、建筑工程项目信息管理

(一) 建筑工程项目信息

1. 建筑工程项目信息的范围

建筑工程项目信息包括在项目决策过程、实施过程(设计准备、设计、施工和物资采购过程等)和运行过程中所产生的信息,以及其他与项目建设相关的信息。

2. 建筑工程项目信息的分类

建筑工程项目所涉及的信息类型广泛,专业多,信息量相当大,形式多样。建筑工程项目信息可以按照信息的单一属性进行分类,也可以按照两个或两个以上信息属性进行综合分类。

(1) 单一信息属性分类

①按信息的内容属性,可以分为组织类信息、管理类信息、经济类信息、技术类信息。

②按项目管理工作的对象分类,即按照项目的分解结构等进行信息分类。

③按项目建造的过程分类,包括项目策划信息、立项信息、设计准备信息、勘察设计信息、招投标信息、施工信息、竣工验收信息、交付使用信息、运营信息等。

④按项目管理职能划分,可以分为进度控制信息、质量控制信息、投资控制信息、安全控制信息、合同管理信息、行政事务信息等。

⑤按照工程项目信息来源划分,可以分为工程项目内部信息和工程项目外部信息。

⑥从工程项目信息的来源看,可以分为业主信息、设计单位信息、施工单位信息、咨询单位信息、监理单位信息、政府信息等。

⑦从工程项目信息的形式来看,可以分为数字类信息、文本类信息、报表类信息、图像类信息、声像类信息等。

(2) 多属性综合分类

为了满足项目管理工作的要求,必须对工程项目信息进行多维组合分类,即将多种分类进行组合,形成综合分类,具体分类如下。

第一维:按项目的分解结构分类。

第二维:按项目建造过程分类。

第三维:按项目管理工作的任务分类。

(二) 建筑工程项目信息管理

1. 建筑工程项目信息管理的概念

建筑工程项目信息管理主要是指对有关建筑工程项目的各类信息的收集、储存、加工整理、传递与使用等一系列工作的合理组织和控制。

因此,建筑工程项目信息管理反映了在建筑工程项目决策和实施过程中组织内外部联系的各种情报和知识。

2. 建筑工程项目信息管理的原则

为了便于信息的收集、处理、储存、传递和利用,在进行建筑工程项目信息管理具体工作时,应遵循以下基本原则。

（1）系统性原则。建筑工程项目管理信息化是一项系统工程，是对建筑工程项目管理理念、方法和手段的深刻变革，而不是工程管理相关软件的简单应用。建筑工程项目信息管理成功与否，受到项目的组织、系统的适用性、业主或业主的上级组织的推广力度等方面因素的影响。因此，应将实施建筑工程项目管理信息化上升到战略高度，并有目标、有规划、有步骤地进行。

（2）标准化原则。在建筑工程项目的实施过程中，应建立健全信息管理制度，不仅从组织上保证信息生产过程的效率，而且对有关建筑工程项目信息的分类进行统一，对信息流程进行规范，将工程报表格式化和标准化。

（3）定量化原则。建筑工程项目信息是经过信息处理人员采用定量技术进行比较和分析的结果，并不是对项目实施过程中所产生数据的简单记录。

（4）有效性原则。建筑工程项目管理者所处的层次不同，所需要的项目管理信息不同。因此，需要针对不同的管理层提供不同要求和浓缩程度的信息。

（5）可预见性原则。建筑工程项目所产生的信息作为项目实施的历史数据，可以用来预测未来的情况，通过先进的方法和工具为决策者制定未来目标和规划。

（6）高效处理原则。通过采用先进的信息处理工具，尽量缩短信息在处理过程中的延迟，项目信息管理者的主要精力应放在对处理结果的分析和控制措施的制定上。

3. 建筑工程项目信息管理的基本要求

为了全面、及时、准确地向项目管理人员提供相关信息，建筑工程项目信息管理应满足以下几个方面的基本要求。

（1）时效性

建筑工程项目信息如果不严格注意时间，那么信息的价值就会随之消失。因此，要严格保证信息的时效性，并从以下四个方面进行解决。

①迅速且有效地收集和传递工程项目信息。

②快速处理"口径不一、参差不齐"的工程项目信息。

③在较短的时间内将各项信息加工整理成符合目的和要求的信息。

④采用更多的自动化处理仪器和手段，自动获取工程项目信息。

（2）针对性和实用性

根据建筑工程项目的需要，提供针对性强、适用的信息，供项目管理者进行快速有效的决策。因此，应采取以下措施加强信息的针对性和适用性。

①对收集的大量庞杂信息，运用数理统计等方法进行统计分析，找出影响重大的因素，并力求给予定性和定量的描述。

②将过去和现在、内部和外部、计划与实施等进行对比分析，从而判断当前的情况和发展趋势。

③获取适当的预测和决策支持信息，使之更好地为管理决策服务。

（3）准确可靠

建筑工程项目信息应满足项目管理人员的使用要求，必须反映实际情况，且准确可靠。建筑工程项目信息准确可靠体现在以下两个方面。

①各种工程文件、报表、报告要实事求是，反映客观现实。

②各种计划、指令、决策要以实际情况为基础。

（4）简明、便于理解

建筑工程项目信息要让使用者易于了解情况、分析问题。因此，信息的表达形式应符合人们日常接收信息的习惯，而且对于不同的人，应有不同的表达形式。例如，对于不懂专业、不懂项目管理的业主，需要采用更加直观明了的表达形式，如模型、表格、图形、文字描述等。

二、建筑施工现场的环境管理

（一）建筑施工现场环境污染控制

1. 强化监督管理

施工企业应根据 ISO14000 环境管理体系标准建立环境管理体系，编制程序文件，制定环境保护措施。施工项目部成立以项目经理为首的环境保护小组，预防为主，全面综合治理，建立施工现场的环境保护体系，将责任落实到施工人员。做好宣传教育工作，提高全员环保意识。

2. 加强技术防治

（1）限时施工。建筑施工应在工程开工前按照分级管理的权限，向有关部门提出申请，并说明工程项目名称、建筑施工单位名称、建筑施工场地位置、施工期限、可能排放的建筑施工噪声的强度、粉尘量、光污染以及所采取的环保措施等。同时建立环境污染投诉接待制度，明确接待人员，接待人员对相关方提出的问题进行详细记录，并限定期限给予答复解决。

（2）采取有效措施，隔音降噪。

第一，要根据施工阶段特点，合理进行现场平面布置，将产生噪声的机械设备尽量布置在距离居民区较远的位置。

第二，开工前完成现场围墙建设，对于敏感部位或有特殊要求的施工，提前包裹降噪安全围帘。

第三，加强对操作人员的环保意识教育，降低模板拆除、物体搬运等作业所产生的噪声强度。

第四，木工房、混凝土输送泵等产生强噪声的机械设备应进行全封闭隔声。

第五，选用低噪声混凝土环保振捣棒。

第六，在晚上十点至次日凌晨六点之间任何可以产生噪声污染的机械设备和工序原则上都不得使用和施工，特殊情况下需要使用的应提前发布安民告示并做好与周围居民的协调工作。

（二）建筑施工现场环境组织措施

对各类施工污染分类采取措施之后，要保证相关的管理措施能够严格执行，并取得相应的环境保护成果，就必须更严格地控制施工现场管理的组织工作。施工现场管理的组织是环境影响评价中管理专项方案中的主要内容，是明确的环境保护指导性文件，便于施工管理监理单位遵循并对日常的施工做出组织协调的任务。

1. 建立施工现场全面的环境控制系统

施工管理的全面控制需要从责任和制度上完善各个体系，施工环境管理工作设置总指挥，负责管理工作的全面统筹，包括施工技术方面、人员调控方面、设备分配方面等，面面俱到，要层层分解，分工明确，责任到人，人尽其责，出现问题能够及时处理。

施工管理的总指挥可以是项目经理或同等级领导层的相关负责人，这个总指挥必须对施工管理的全方面负责；施工技术方面的总工程师要对施工过程中的环境保护相关技术进行统筹管理；技术人员、施工人员、质量检验员、施工安全员以及仓库原料管理员等，要各尽其职。

为了保证环境保护措施能够贯彻实施到位，可以在施工现场设置大气、废水、固体废弃物、噪声、光污染五个污染防治组，安排五个不同的管理员任组长，对分别负责管理的施工现场严格监控。

2. 加强对施工现场环境的综合治理

施工过程中不仅要设置严格的管理人员，更要将环境保护观念普及到每一个施工人员。施工单位可以选择使用企业内部的宣传手段，如宣传栏、施工场地的标语、民工学校等处作为思想工作开展的平台，做好施工人员的纪律教育、思想教育、职业道德教育以及法治教育。对施工场地的环境保护若在采取相应措施之后仍然达不到当地政府的要求，则要在施工场地附近的居民区与居（村）委会、相关管理部门、建设主管部门和当地的环保部门进行沟通，提前做好污染防治的准备工作。对各级领导部门的来信、来访，要积极配合；出现问题后积极协调解决，及时进行经济补偿和礼貌的解释工作，在取得周围居民的谅解和支持之后，对相关的施工部门进行整改。

3. 搞好施工现场环境管理措施方案编制

在建筑工程施工之前，要对施工组织设计进行初步规划，在规划阶段就要对施工现场的管理工作有一定的预见，对施工危险性较大的工程建筑段要编制相应的专项管理方案。编制专项管理方案前，要对施工路段周围的地质环境、天气情况、原有环境条件进行详细的了解。在编制时，在确保施工顺利进行的前提下，要保证施工对周围环境的不良影响范围和程度在施工管理的掌握之中。专项管理方案编制后，在施工单位的技术工程师以及监理单位审批通过后方可实施。

第五章　暖通设计概述

第一节　暖通设计中存在的问题

一、存在的主要问题

暖通工程的施工是按照设计图纸进行的，设计图纸是暖通工程施工的方向标。因此，图纸设计不规范或者有缺漏，在实际施工过程中必将带来麻烦。目前，在施工图纸的设计中，由于设计人员的疏忽或者自身能力不足，设计出来的图纸常常会出现各种问题。

（一）设计人员对工程的实际情况认识不足

暖通设计会受到很多因素的影响，设计人员必须将其一一考虑在内，不得有遗漏。然而现实情况却是设计人员在设计时并没有对工程的实际情况进行深入钻研，导致施工时无法达到设计的标准。比如，设计人员对工程的把握不准确，在选材上超出实际情况，导致材料应用上的浪费，或者不了解现场情况，设计缺乏实际可行性，最后造成设计变更，使工程造价超出预期或者导致工期延迟。

（二）图纸不符合规范

设计人员在为暖通工程设计施工图纸时，没有遵循画图规范，遗漏标注、符号错误、数字不准确等，或是设计图纸与计算结果相冲突。表述准确是一个设计人员应具备的基本功，但由于大意、不注重审查，这样的错误仍旧存在。图纸表述粗糙不仅无法全面地指引施工，甚至会给施工带来相反的效果，因此设计人员在设计时必须充分考虑工程的实际情况，按照规范要求、严谨细致地绘图。图纸完成后还要进行彻底审查。

（三）设计与整体的协调性差

暖通设备和建筑物共同构成一个整体，在建筑房子时我们要考虑到暖通设备的存在，在暖通工程的建设中，我们也不能忽视建筑物，不能将两者拆分看待，要注重整体的协调性。目前暖通工程中经常会出现一个错误是在风管设计安装上没有防火阀，导致的后果可能是，当风管穿过外部的防火墙时，外部和暖通空调之间进行气体交换，于是大量热量被传导到外围材料，使外围材料积聚热量，最终可能导致火灾的发生。另外，如果没有在风管两侧安装防火阀，则风管的短接部位一般都会有空隙，一旦短接部位设计不合理，暖通空调在运行时可能会使材料软化，存在一定的安全隐患。还有就是将地暖水管设计在地板砖下面，这种结构看似合理，既优化了结构又节省了材料，然而却对供水系统产生了一定的干扰。因为设计供水系统时要对水管材料进行预留，这部分与供暖部分很有可能在位置上有重叠。

二、对策研究

暖通设计需要改正以往的不足，下面将从对暖通设计的态度、设计人员、设计程序以及建筑的整体性等方面进行探讨。

（一）提高对暖通设计的重视程度

暖通工程是整个建设工程最重要的部分之一，轻视暖通工程是十分消极的行为，不仅会给施工带来麻烦，还会影响到建筑产品的使用。因此，我们要从根本上改变对暖通工程的态度，充分认识到它的重要性和意义，避免消极地进行图纸设计、消极地进行施工等问题，打起百分之百的精神把控好暖通工程的每个环节。在暖通工程的设计上，要聘请专业的设计人才，设计人员不仅要有足够的专业素养和职业修养，同时对市场、施工也要有必要的了解，如工程的施工材料和技术，材料设备的市场价格等，选取性价比较高的设备。图纸设计好后，还要认真地审核检查是否有遗漏或者错误，在将设计好的方案交给施工单位前，为了避免设计人员对施工工程考虑不完全，可能造成施工隐患的问题，必须组建一个专门的审查小组对设计图纸进行讨论，一旦发现问题，立即送往设计人员处进行修正，只有审查小组全部成员均没有异议，才能移交给施工单位。也就是说，除了设计上严格遵守规章制度，还要设置一个监理方。

（二）完善设计程序

设计人员在对暖通工程进行设计时，要严格按照设计规范，查清符号所代表的含义，不要想当然。同时要遵循施工安全第一的原则，不可脱离施工的实际情况，考虑到暖通设备的安装过程中安装人员的人身安全，在美观和安全或者成本和安全上一旦不能统筹兼顾，优先考虑安全问题，并且重视设计的可行性问题，当施工单位无法按照图纸要求执行设计方案时，设计单位要对图纸进行修改，并与施工方面的有关人员进行深入沟通，商定相对完善的解决方案。

（三）重视整体的协调性

设计人员在暖通工程的设计上必须统筹兼顾，不能将目光仅仅放在暖通工程上，还要将给暖通工程带来影响的以及暖通工程会影响的因素一一考虑清楚，对建筑的各个方面都衔接配合好。在设计过程中，除了考虑暖通工程本身的采暖、通风和空气调节等问题，也应考虑建筑供水是否充足、电力是否有问题、通信线路是否有干扰等问题。要对可能会产生冲突的部分进行深入研究，然后做出规划和设计，保证在施工过程中暖通工程与它们不会相互干扰。

为了促进暖通工程设计完善和建筑布局整体进一步发展，我们要明确暖通设计的重要性，摆正心态，做出行动。要聘请专业的设计人才，同时加强对设计图纸的审核，保证图纸不出现差错。在设计中，设计人员要严格遵守设计规范，保证暖通设计的正确性和可行性，同时协调好暖通工程与其他工程之间的关系，防止出现交叉重叠，也防止出现安全事故。

第二节　建筑工程暖通设计的要点

在经济与科技的双重作用下，建筑行业迎来了发展的春天，取得了显著成绩，已然成为我国国民经济的支柱产业。建筑开始朝着超大规模与超高层的方向发展，祖国大地上高层建筑的数量与日俱增。受此影响，房地产设计思路与设计理念发生了巨大变化。与此同时，与建筑行业相关的各个领域，也发生了一定的变化，是机遇更是挑战。在高层建筑中，室内冷暖问题至关重要，受到广泛关注。其中，暖通系统的影响最大，是基础同样也是关键性的存在。正因为如此，高层暖通设计的作用越发突出，必须保质保量地完成设计工作，达到预期效果。

一、重视暖通设计的规范性

在建筑工程暖通施工中，需要使用大量的施工技术，而且对施工工作要求严苛。相关施工工作需要交由专业施工人员完成。但现实情况是，施工队伍中的大多数人员都是农民工，他们的受教育水平相对来说低一些，专业能力差一些，违规操作时有发生。这不仅会影响施工安全与质量，而且容易留下安全隐患，引发事故。专业且高素质的人员只占很小一部分比重。施工单位必须正确认识，采取有效措施予以处理。例如，开展教育与技能培训活动，引导全员参与。在正式施工前，安排设计人员与施工人员会面，技术人员要再次深入施工现场，为施工人员详细介绍施工流程，帮助施工人员更好地熟悉工程，明确重难点与自身职责，同时还要做好交底工作。如果发现设计方案中存在不合理之处，要及时调整，避免造成更严重的后果，确保施工质量达到标准，暖通工程可以正常投入使用。此外，设计人员在正式开展设计工作前，要亲临施工现场进行考察。正式施工后，要到施工现场提供指导服务，如果施工人员对设计图纸存有疑惑，设计人员要耐心讲解，答疑解惑。

二、树立节能环保意识

部分企业在暖通设计中，盲目追求效果，有时难免会忽视能源消耗问题，高层建筑能耗更高。要减少能耗，实现节能环保，在设计环节就应当加以考虑，从而在安装环节将自身优势发挥出来。如果可以确保设计的合理性与经济性，那么在后期阶段暖通工程的功效也会充分彰显。

三、把控好热量问题

提高高层建筑的节能成效，关键在于控制好热量散失问题。下面着重介绍控制热量散失的有效方式。

第一，安装散热器。散热器是必备设备之一，大多安置在楼梯上或者其他有冻结危险的空间，将其合理应用可以提高建筑的暖通效果。

第二，应用太阳能。在高层建筑暖通设计中，设计人员可以考虑使用太阳能。太阳能是一种清洁能源，同时也是可再生能源，只要有太阳就可以使用，可谓是取之不尽，用之不竭。最重要的是具有极强的环保性，几乎不会对环境造成污染。正是凭借这一优势，其应用越发广泛。在冬季，应用特定的太阳能设备可以将太阳能存储起来，然后进行转化，将热量送至建筑内部，这样可以减少对暖气及空调等供暖设备的使用。

第三，利用墙面空隙。墙面空隙具有独特的作用，可以用来存储热量。因此，在实际的设计过程中，应当预留好缝隙，这样就可以存储热量，降低供暖需求，实现节能环保。

第四，合理应用"穿堂风"。"穿堂风"可以归类为自然通风。由进风位置（如门口、窗口）进入室内，穿过房间后，再从背面的出风口流出。之所以会形成"穿堂风"，主要是因为出风口与进风口之间的风压具有一定的差异。夏季炎热区域的高层建筑，可以使用"穿堂风"降低室内温度，减少对风扇、空调的使用。

四、设置供暖入户装置

在实际的设计过程中，如果设计人员没有对入户装置进行科学合理的设置，那么出现设计失误的概率极高。针对入户装置设计（见图5-1），国家有明确的规定，具体内容如下：高层建筑供暖入口位置必须设置入户装置，过滤设备也必不可少，应当将其安置在热水供应处。在设计时，要以使用方式与实际情况为根本出发点，这样做主要是为了确保设计科学合理。

图 5-1　供暖入户装置

五、合理选择空调系统

空调系统受到多种因素的影响，常见的有环境因素、建筑功能等。对于高层建筑暖通设计而言，空调系统具有重要作用。因此，在设计环节需要多方考量，最终选择最适宜的空调系统，从而在满足需求的基础上缩减成本。同时，在后期的使用过程中，减少出现问题的概率。

六、加强监理工作

在设计高层建筑暖通系统时，要认识到监理工作的作用，将监理工作落到实处，不能忽视任何一个环节。做好监理工作，暖通系统的安装与后期运行使用也会有所保障。合理有效的监理工作可以增强暖通设计的可行性，检验安装方式正确与否。为了达到预期效果，在监理环节要注重监理设备的运行状态以及所使用材料的保温性。

七、应用智能计费系统

多联机空调是众多空调种类中的一种，应用十分广泛，多用于商业性建筑、居民建筑。但是，其存在不容忽视的弊端，如计费方式不合理且成本颇高。传统的计费方式比较落后，主要是按照面积、耗电量计费。以面积为依据的收费，将用户缴费视为定值，与实际使用情况没有一丝一毫的关系，计费不公平且不合理。如果以耗电量为依据收费，那么精准度无法保障，而且需要大量的人工，人工成本剧增。因此，应当使用更为科学的智能计费系统（见图5-2）。

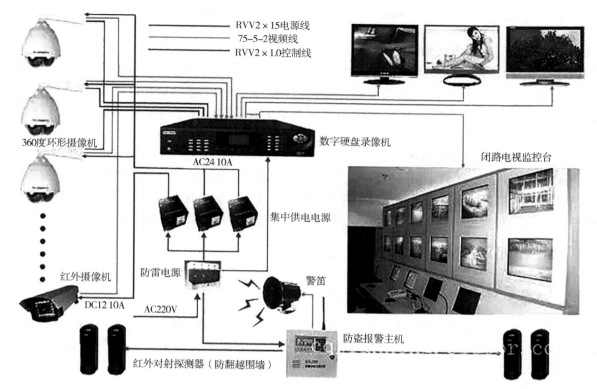

图 5-2 智能计费系统

综上所述，高层建筑中暖通设计的重要性不言而喻。时代在不断进步，如果依旧使用以往的设计理念与方式，很难满足当代社会的需求。因此，必须做出相应的改变，否则迟早会被越发激烈的市场竞争所淘汰。因此在设计环节，工作人员要明确设计要点，遵循设计原则。对于设计过程中遇到以及发现的问题，要分析诱因，有针对性地解决问题。此外，要顺应我国所倡导的可持续发展理念，将节能环保理念融入其中，推动建筑行业朝着健康、绿色的方向前进。

第三节 建筑工程暖通设计的优化

一、建筑工程暖通设计的优化要点及常见问题

（一）优化要点

1. 确保暖通设计方案的可操作性和调节性

设计方案管理的方便性对用户来说非常重要。空调系统自动化水平的提高可减少管理人员的数量和劳动强度，但一次性投资成本增加，对操作人员素质的要求也有所提高。空调系统自动控制应根据实际情况，比较技术成本后再确定。对于大型空调系统和设备多、需频繁调整与控制的工程，应采用自动控制系统，减少运行管理工作量，但为了提高系统的经济性和可靠性，应尽量简化自动控制系统。

2. 充分考虑系统的经济性、安全性

经济性是暖通设计中需考虑的重要因素，因此要建立比较标准，确保同一地区的能源价格、市场价格、设备等级等因素相互对应，综合考虑相关因素。同时，为了保证标准方案的合理性和科学性，还需对同一周期的方案进行比较。此外，还需充分考虑暖通工程在后续运行中的安全性，重视消防安全工作。

（二）常见问题

1. 在理念、规范性上有待增强

当前，暖通设计理念落实还不到位，一些企业以利益最大化为目标，忽略暖通设计的进度质量和效率。另外，受传统建筑暖通设计模式的影响，部分设计师仍以经验为基础进行设计工作，缺乏暖通设计理念和技术的应用能力，导致施工企业即使具备了科学的暖通设计理念和技术，也不能充分地发挥其优势。

2. 设计人员综合能力良莠不齐

在暖通工程施工中，设计人员绘制的设计图纸是施工的重要依据。但从我国建筑业设计人员现状来看，大多数设计人员并未掌握暖通设计理念和技术的应用要点，影响其在实践中的应用。此外，施工企业也忽视了暖通设计理念和技术的应用，没有聘请专业人员对设计人员进行有针对性的培训。

二、建筑工程暖通设计优化策略

（一）优化暖通设计方案

针对建筑工程暖通设计不合理的问题，要采取积极有效的措施进行优化。首先，总体上要有效地排查暖通设计中的安全隐患，确保整个设计的可靠性；其次，在暖通设计中，要保护好各部门的设计方案，确保各设计方案能够得到有效执行；最后，所有参与暖通设计的人员不仅要具有较高的专业、综合素质，还要有较强的责任心和工作热情。

（二）建立 BIM 暖通设计理念体系

建筑施工企业可通过建立 BIM 暖通设计理念体系来减少客观因素对暖通设计的影响，不仅要应用建筑工程中性能优良的暖通设计理念，还需突破传统暖通设计理念在建筑工程暖通设计中的局限性，以便将相关设计内容整合成一个整体，与所有其他建筑工程相结合，以此提高暖通设计数据统计计算的准确性，在保证设计数据客观性和准确性的基础上，更好地保证设计效果。

（三）组织设计人员开展专业培训

作为设计工作的主体，设计人员需组织专业的培训活动，从暖通设计理念、技术和基本理论入手，结合实际案例，掌握更多的建筑工程暖通设计方法和暖通设计理念、技术应用方法，提高设计图纸的水平和质量。同时，设计人员应注重提高自身的综合素质，积极学习新技术、新思想，增强对设计标准和规范内容的理解和掌握。此外，企业应建立完善的奖励制度，提高员工的工作积极性，可定期组织设计人员交流会，相互交流设计知识和设计经验，共同提升专业水平。

（四）提高暖通资源使用效率

暖通设计不仅要重视可再生资源的利用，还要提高不可再生资源的利用率。首先，要优化暖通设计技术，减少对能源的需求，节约资源。其次，优化建筑结构，充分使用新型保温材料，达到节能环保的标准。最后，有效利用自然环境。在建筑工程暖通设计中，必须进行现场调查，选择准确的参数，有效利用自然环境，优化暖通系统，提高资源利用率。

总之，城市化进程不断推进，促进了建筑业的发展，暖通系统的使用量也在不断增加。暖通优化设计对降低建筑能耗具有重要作用。但在暖通设计中，依然存在诸多问题。因此，必须采用科学合理的方法，制定切实可行的对策，确保暖通设计质量，创造舒适宜居的居住环境。

第四节　暖通设计中的节能策略

暖通工程是建筑工程的一个分项，通常包括通风、空调及采暖三部分，在设计过程中通常涉及大量能源消耗问题，会加重城市能源的负担。因此，当代暖通设计需要根据实际情况对设计规划进行改造，制定合理的策略，优化暖通结构，在保证暖通工程质量的前提下，对能源消耗问题进行有效控制。

一、暖通设计的基本原则

暖通设计是建筑工程中非常重要的一部分，暖通设计需要遵循行业的基本规则，而在暖通工程的节能设计上主要遵循两个指导原则：节约原则和经济原则。

（一）节约原则

暖通设计的核心原则是节约原则。由于整个暖通系统运行过程中，能量、资源的消耗量非常大，因此暖通设计属于大规模项目，如何通过设计来降低能源成本成为行业首先要考虑的问题，这也是暖通工程的基本要求。设计过程中要始终遵循节约原则，融入绿色设计理念，体现出节能在暖通设计中的内涵。

（二）经济原则

暖通设计的基本原则是经济原则。设计过程中主要考虑的问题是对整个工程的成本进行有效控制：先进行前期预算，再根据实际情形采用不同形式的暖通施工手段。经济原则可以对设计施工进行成本约束，以保证暖通工程正常施工，合理分配成本，充分利用资金。

二、暖通设计的节能措施

暖通设计的节能目的，可以通过许多方法来实现，而这些方法形式各异，大体上分为三个方面，对应暖通设计的不同结构部分，分别是通风、空调和采暖设计上的节能措施。

（一）通风设计上的节能措施

通风设计，顾名思义是指暖通设计中促进室内空气流通、维持室内空气的部分，以机械设备为主，自然条件为辅，从而满足室内的通风要求。在通风设计上，必须充分考虑周围环境因素，包括温度、湿度、楼层高度等，利用专业手段精确计算出需求风量，再根据计算结果设计出通风系统的规格，确保室内能够通风。这样精确计算出来的设计能有效控制经济成本，提高对自然风的利用率，实现通风系统的高效节能设计。

（二）空调设计上的节能措施

空调设计中常常涉及大规模的能源消耗，因此，需要采取必要的策略来合理调动空调设计中的资源、经济投入。首先，根据建筑工程的实际情况来合理设计空调负荷，保证室内的通气需求和空气调节能长期保持平衡状态，避免过载、空载运行，消耗过多资源；其次，要加强保温，利用墙体自身特性，降低内部空气与外部空气的交替频率，从而控制空调的运行频率，减少运行过程中的能源耗损；最后，通过对地源热泵技术的使用来回收空调系统外部的多余热量，对二次能源进行再利用，在技术层面上提高对有限资源的利用率，实现暖通设计的能源节约。

（三）采暖设计上的节能措施

目前，暖通设计中的采暖部分通常是以热水作为热源来实现采暖功能的，因此，在采暖设计中，设计者需要对建筑内部空间进行全面考察后，计算出热源负荷，再遵循行业原则完成对采暖设计。在设计过程中，可以利用温控装置来进行系统内的热量分配，当空间过大时，可以通过热辐射来替代水进行热量分配，提高供暖效率，节约部分热源。

三、暖通节能设计的发展

面对当下自然资源日益匮乏的状况，暖通设计已经在节能发展的道路上进行了许多探索，在未来的社会发展中，暖通设计还需要针对重度匮乏的重点资源实行更加专业的节能设计，引进和开发更加先进的节能技术，并在实际设计中考虑对于新能源的开发利用，以风能、太阳能、地热能等替代传统能源，推动暖通工程的绿色发展。对能源多次循环利用，对传统能源进行可循环化改造也是暖通设计未来的发展方向，对现有资源进行高效利用和多次利用，开发能源利用后的剩余价值，最大限度地降低能源消耗，推进暖通工程的绿色发展。

综上所述，在这样一个资源总量越来越少，资源需求却水涨船高的时代，绿色发展、能源节约已经成为一个永恒的话题。暖通工程是建筑工程中极其重要的一个分支，其耗能规模占据建筑工程相当大的比例，因此，我们更需要重视暖通设计中节能技术的使用，尽可能减少在暖通工程中的资源投入，达到降耗节能的目的，推动暖通工程的绿色可持续发展。

四、建筑工程暖通空调自动系统节能设计案例分析

（一）工程案例概述

北京某商场二期工程是在 2015 年完工的。该工程建筑为多层建筑，地上 3 层，地下 3 层，地上建筑面积为 56604 m^2，地下建筑面积为 63221 m^2，总建筑面积为 119825 m^2。该工程建筑地上高度为 18 m，地下室埋深 17 m。建筑整体为剪力墙结构，建筑外部设有幕墙。

（二）项目设计依据与参数

项目设计依据为《采暖通风与空气调节工程检测技术规程》《公共建筑节能设计标准》等国家标准及相关设计资料、图纸。

该工程室外气象参数具体如表 5-1 所示。

表 5-1　室外气象参数

室外计算温度类型	参数
夏季空调室外计算干球温度	31.4℃
夏季空调室外计算湿球温度	25.4℃
夏季通风室外计算温度	28℃
夏季空调室外计算温度	22℃
冬季通风室外计算温度	−19℃
冬季空调室外计算温度	−12℃
夏季通风室外计算相对湿度	64%

续表

室外计算温度类型	参数
冬季空调室外计算相对湿度	64%
夏季室外平均风速	2.9 m/s
冬季室外最多风向的平均风速	3.2 m/s

（三）暖通空调自动系统及设备配置

1. 热源系统

基于热源需求，设计人员发现需要对该工程建筑的热源系统进行设计。在采暖季，空调自动系统的热负荷为 10447 kW，一次侧供回水温度为 65℃/45℃。在过渡季，设计人员使用 2 台热回收机组、2 台燃气热水锅炉，每台锅炉的额定供热量为 1050 kW，供回水温度为 60℃/50℃。

2. 冷源系统

冷源系统包括夏季冷源和冬季冷源。在夏季冷源设计方面，由于该区域内的冷负荷为 19343 kW，冷负荷指标为 159 W/m²，设计人员采用了如下设计方案：制冷机房设置在地下 2 层，冷却塔设置在地上 3 层的屋面处；制冷机房内设有 4 个普通离心式冷水机组、2 个热回收离心式冷水机组。在冬季冷源设计方面，由于项目区域面积较大，该区域内的冬季总冷负荷为 8400 kW，设计人员使用 4 台板式换热器、4 台普通离心式冷水机组，通过并联的方式实现冬季冷源供应目标。

3. 风系统

在建筑内大厅、商业区等面积较大的区域内，设计人员采用顶送、侧送形式的风系统来增强回风效果。考虑到季节变化情况，设计人员设置了送风温度监测装置，实现了对系统阀门的自动调节。在过渡季，风系统会自动开启新风运行模式。

4. 水系统

该工程建筑顶楼处安装了空调冷热水系统。通过对空调冷热水系统的应用，该工程建筑实现了冷热水自动供应。同时，设计人员在回水总管道位置设计了流量控制器，且在锅炉上设计了智能控制器，以保证锅炉供热量始终与建筑所需要的热量保持一致。

第五节　暖通设计与现场施工配合

为了保证整个暖通工程的施工质量，必须直接将暖通设计与现场施工相关联，施工方必须实现与设计方的有效连接。除此之外，有关的工作人员必须将视线聚焦于暖通设计与现场施工之间的严密程度，因为暖通深化设计的主要目的是进一步配合现场施工，从而快速提高整个暖通工程的整体效果。本节进一步探究了暖通设计与现场施工的有效配合策略。

一、做好暖通设计及现场施工配合的重要意义

在如今我国社会经济不断发展进步的前提条件下，人们对生产生活质量有了更高的要求。而暖通设计作为整个建筑工程中的重要组成部分，随着各项机制的发展，也更加多样化以及严格化。地下室通风以及中央空调的设计是暖通设计中的重要组成部分，因此，地下室通风以及中央空调的安装施工同整个建筑物的暖通工程施工质量优劣直接相关联，也对整个工程的最终效益有着一定的影响。

如今随着暖通设计这一领域的不断发展，其中的技术人员具有了更高的专业素质，但是投资方也对

整个项目的施工有了更高的要求，因此，设计单位要想进一步提高设计效果，不仅需要提供好的设计方案以及施工图纸，设计人员也必须参与整个现场施工，做好配合工作。

一般而言，在暖通设计过程中，设计人员需要通过了解施工现场的详细情况，合理地调整设计图纸，从而进一步缩短施工工期，获取更高的经济效益。因此，对设计人员而言，不仅需要具备较高的设计技术水平，同时还必须考虑到建设方的需求，进一步协调与分析设计的整体效益以及项目的最终收益。在暖通工程的实际施工过程中，具有了较大的安装工作量，同时施工工作具有较高的复杂程度，特别是在管线调整过程中，可能会出现管线串联以及管道渗漏现象，此时施工人员要严格地根据设计图纸施工，必须遵从正确的施工顺序及施工工艺，确定各分部分项工程之间的先后顺序，防止因工序紊乱而出现返工现象。

二、做好暖通设计以及现场施工配合的措施

（一）暖通设计的要求

一般而言，为了进一步做好暖通设计，必须在设计以及施工过程中要求设计人员以及施工人员都具备较高的规范性以及自觉性，必须遵从暖通领域的施工规范，同时遵从设计以及施工现场的施工细则，从而防止因为个人的主观因素以及随意性而影响到设计的质量。在实际设计过程中，设计人员还必须到施工现场进行详细的考察，进一步地考虑建筑物的结构及基本功能，同时通过探究对最终实际效果有着一定影响的地形地势来调整设计方案，从而达到良好的设计效果。除此之外，还必须探究地下室、门窗、车库等围护结构对于整个空调设计负荷的影响，之后再考虑整个建筑物的供水、供电、供气管道的敷设接口特点，有针对性地做好暖通设计工作。在暖通设计及施工过程中，要求设计人员以及施工人员必须具备较高的专业素质，因为一个专业水平及专业素质较高的设计人员，对现场施工有较高的了解程度，这样才能进一步提高整个暖通工程设计图纸的质量。设计人员还须具备敬业精神以及较好的工作作风，比如，在设计过程中，设计人员及设计单位必须对图纸进行严格的校对与审核，同时在出现某专业变更过程中，各个专业之间需要及时地进行沟通，从而有效防止地下室通风系统或者其管线出现不必要的交叉问题。

（二）暖通设计及现场施工配合的有效措施

由于暖通工程设计图纸同整个暖通工程的施工质量直接相关联，因此设计人员在设计施工图纸的过程中，必须确保自己所设计的内容具备较高的严密性及完整性。除此之外，在施工图纸设计好后，还必须对图纸进行质量审核，同时确保本专业与其他专业设计的相关性及协调性，因此在图纸审核过程中必须做好技术协调工作，之后再提交给设计单位确定图纸。

为了防止设计图纸出现问题，一个有效途径是必须做好施工环节的技术交底工作。通过这一项工作，发现设计问题并及时解决，而施工方在提交设计处理之后，还必须提前核对好地下水管线的标高以及位置、建筑物的风口布置、室外机位置、穿梁孔洞以及排水管的标高等重点问题。

在整个暖通工程的管理方面，为了保证暖通设计与现场施工有效配合，需要在现场施工单位以及暖通工程审计单位之间进行有效协调，通过建立起符合施工现场情况的有效的管理制度，做好施工现场的管理。

在管理过程中，还必须将管理的重点放在施工方的管理人员及监理人员身上，统一进行指挥以及协调，从而达到各个部门之间的协调配合，对整个设计队伍以及施工方各个方面的对接进行统筹管理。在组织协调方面，如果整个工程已经进入施工阶段，那么在施工现场的管理人员还必须进一步分析总结现场应用到的施工技术以及所面临的多种问题，通过在施工之前有效地熟悉施工图纸等，及时预测可能会出现的问题，从而及时解决可能会出现的冲突及矛盾。

第六章　暖通设计的内容

第一节　商业综合体暖通设计

随着城市大型商业综合体建筑发展速度加快，人们对环境舒适性的要求越来越高，这对暖通设计能力提出了更高的标准和要求。由于受到地下附属功能房间调整、商业区域房间业态功能调整、设备机房调整以及配合招商调整等因素的影响，建设方早期提供的施工图纸并不能真正用于总承包单位现场施工，加上工程实施过程中为了配合内装、景观、幕墙调整以及现场施工操作需求需要对图纸进行深度、更精细的深化设计，总承包单位专门成立了深化设计团队，在业主提供的招标图或施工图的基础上，结合施工现场实际，对原设计图纸深入理解、消化、细化、补充、调整和完善。深化设计后的图纸可满足业主的要求，满足现场施工操作需求的深度条件，符合相关地域的设计规范和施工规范，并通过审查，能直接指导现场施工。对于大型商业综合体，深化设计已经成为总承包单位施工前必要的准备工作。

一、暖通深化设计准备工作

（一）消化原设计图纸

熟悉、理解并消化原暖通设计图纸是暖通深化设计准备工作的首要工作。整个项目包括工程概况、设计依据、设计范围、设计计算参数、空调冷热源、空调系统设计、通风系统设计、防排烟系统设计、自动控制、环境保护和卫生防疫以及节能等。对于大型商业综合体，暖通系统复杂，图纸量大，应先熟悉整个系统的冷热源，接着梳理各分系统，如防烟系统、排烟系统、空调风系统、空调水系统、通风系统等，可以从分系统的一台设备开始或主管的一组立管开始；然后逐步展开对一个完整系统和整个项目的梳理。在人员充足的情况下，可以分工合作。要保证对原设计图纸有一个系统的了解，只有在充分熟悉、理解、消化原设计图纸的基础上，才能在深化设计时做到有的放矢。熟悉理解、消化原设计图纸是暖通深化设计最基础的部分。

（二）理解业主的想法和技术要求

实现业主（可以是建设单位的设计部门或者相对应专业的业主代表）的想法和技术要求毫无疑问是暖通深化设计准备工作中最精华的部分。业主的每一个想法，都给深化设计提供了一个方向和目标，同时变更增多；技术要求是对图纸的具体要求，也是技术支持，或者理解为有限制的选择。理解了业主的想法和技术要求，意味着暖通深化设计成功了一半。在实际操作中，随着项目的不断推进，业主的想法不断地变化，需要在项目实施过程中充分地和业主交流沟通。

（三）明确施工现场的需求

暖通深化设计归根结底是为总承包单位项目施工现场服务，要做好服务就需要明确施工现场的需求。深化设计前，应组织深化设计人员和现场施工人员交流会，和现场暖通专业施工人员对接交流。比如，对于复杂的设备用房，原设计图纸上没有管线定位、标高、剖面，现场会要求提供该设备用房的管线定位、标高、剖面；或者原设计图纸上缺少相应的节点详图，为了方便现场施工，深化图中应提供节点详图等。深化设计过程中应及时向现场采购人员索要新设备、新材料的技术参数，正确如实地反映到深化图中。

（四）考察类似项目沟通交流

深化设计前还应考察类似项目（以业主功能定位类似、同规模、同要求项目为主）的暖通深化设计，因为类似项目可以提供一定的借鉴经验，提前明确业主的一些细微要求，大致了解本项目的难点、重点以及深化设计过程中可能会遇到的问题和解决措施。

二、暖通深化设计流程

深化设计流程是否合理直接关系到深化设计工作的推进速度，因此，深化设计流程一要符合逻辑和不超越相关规定，例如，深化设计人员应先深化，再校对，原设计单位确认（或顾问公司审核），最后发送业主工程师；二要有利于深化图纸进度推进；三要形成闭环。深化设计流程应在深化设计准备阶段同业主和施工单位沟通后共同制定，经业主确认后再实施。

三、暖通各系统深化设计

（一）防排烟系统

1. 深化内容

防排烟系统深化设计系统性调整较小，由于防火分区、管井位置以及设备机房是固定的，一般情况下，涉及防烟分区、风管管径、风管路由以及风口位置调整，不排除防火分区调整、设备选型更换。

大型商业综合体防排烟系统深化设计，一般是先确定防烟分区，再结合内装造型确定风口位置，再根据空间位置调整管线走向和优化管径，最后进行风机风压验算。

2. 技术要点

（1）合理划分防烟分区，在建筑空间有限的条件下，可减小排烟管高度，减少挡烟垂壁，从而节省造价，而且不影响美观。

（2）排烟管风速适当提高，排烟管风速可在 15~18 m/s，排烟口风速可在 8~10 m/s。

（3）管线位置复杂处，补风井补风管可改为墙面消防补风口，或调整方向，减少管线交叉。

（4）排烟口移至靠近挡烟垂壁以缩短排烟管（但要保证离该防烟分区的最远距离不超过 30 m），验算排烟量。

注意事项：

防排烟系统深化设计需要注意以下几点：①排烟尽可能不采用土建风道，排烟排风井土建风道漏风会很大，排烟量检测难以达标。②排烟管与补风井、正压井相邻土建井防漏措施应落实；注意排烟口距离前室实际入口距离不小于 1.5 m。③排烟管穿楼梯间前室或安全走廊，应采取防火加强措施。④防火阀距离防火墙的距离应小于 200 mm。⑤中庭排烟，一方面需要与土建、装修协调，另一方面需要进一步协调理解中庭空间关系，优化排烟方式，尽量采用梁预留洞口。⑥风管穿防火卷帘需要双梁构造，会降低净高，管线协调复杂。⑦防烟分区要与店铺物理分隔相一致。

（二）空调系统

1. 深化内容

大型商业综合体的空调系统大多采用集中空调。其空调系统深化设计中，冷热源基本上维持原设计，中央空调末端深化、优化调整幅度最大。空调系统深化设计主要涉及对原空调系统参数的复核，空调系统末端的调整，以及空调系统水管的调整。

空调系统深化设计先复核原设计，查漏补缺；再结合业主要求、装饰造型修改空调系统末端，调整空调系统水管；后完成机房大样、安装节点大样图。

2. 技术要点

（1）合理选择末端空调机组的型号大小，为业主节省机房，减少管线交叉从而有利于现场施工。

（2）通过核实对空调立管进行深化变径处理，节约耗材。

（3）防排烟系统、空调系统以及通风系统等在同一张模型图上反映，按布局出图，可优化专业内管线，减少专业内管线碰撞交叉，提高出图质量。

（4）梳理原设计暖通管井并加以利用，减少新增管井对房间面积和工期的影响。

3. 注意事项

空调系统深化设计需要注意以下几点：①空间位置复杂时，新风管不一定要从静压箱接入，也可接入回风管（个别机组有困难的，可以放弃接新风管）。②风管出竖井需设防火阀，风口应避免与挡烟垂壁矛盾。③外墙防雨百叶口的规格应明确，保证有效面积。④空调箱尽量梁格间布置，避免梁下布置设备、静压箱等。⑤空调回风管尽可能避免与水管交叉，接阀门处，预留维修空间。⑥各型号空调机组回风口、回风管规格统一，回风口风速不大于 3 m/s，配门铰式可拆滤网回风口；综合考虑空调机组所配过滤网的设置拆洗方式与条件。⑦柱子旁冷凝水立管尽可能调至相邻近水管井内，包括消防栓立管井内；冷凝水立管位置按优化调整原则，避免因为冷凝水管加大装修造价和造成空间影响，冷凝水管有维修可能，应与装修明确水阀下方设检查孔的要求。⑧避免空调机组与水管的关系"绕圈"，支管与干管连接角度宜垂直。⑨风管支管设置阀门应考虑实际，加设少量调节阀，保证风平衡即可，如有一旁路支管较长，可不设调节阀，或明显阻力偏大的支路可以省去调节阀。

（三）通风系统

1. 深化内容

大型商业综合体通风系统深化设计主要涉及车库平时通风、各设备用房通风、卫生间通风、地上地下商业区域通风、餐饮厨房区域通风以及事故通风等。车库平时通风一般兼排烟系统，深化设计时可用同一排烟系统；设备用房通风，应先核实设备位置和设备高度，再考虑各风口的位置，最后综合布置管线；餐饮厨房区域通风，需要先确定厨房内设备布置，再按通风需求量和需求点布置风口大小及位置，结合原通风井（或新增管井）布置管线走向，最后合理考虑屋面设备位置并满足卫生防疫和景观要求。

2. 技术要点

（1）设备用房（如配电所）通风，合理布置排风口，送风口就近接入设备用房内，可减少风管耗材，节约工期。

（2）餐饮厨房区域，统筹排油烟、补风、排风量，正确梳理利用原排油烟、送风、排风管井，减少新增管井，合理布置管线路由，避免因管线拆改而引起成本增加、工期增加。

3. 注意事项

通风系统深化设计需要注意以下几点：①平时排风机强调低噪声要求。②卫生间有两排风管的可合拼后入竖井，降低连接难度，减少防火阀数量。③厨房新风机不宜与空调新风机引自同一风管，宜直接自管井。④厨房部分量大，如有条件，宜直接从外墙引入。⑤餐厅排风可排入厨房，或设短管（加自垂百叶与防火阀）与厨房相连，负压排风，事故排风不应与餐厅排风合一风管。⑥如果事故通风兼做平时排风，可以各厨房独立设，如果只做事故通风，可合并风机。⑦有异味空间的，需设独立排风，必要时加除味装置。

（四）暖通深化设计与各专业间的配合

大型商业综合体地下附属功能房间多，设备用房集中，商业区域业态功能多，暖通系统管线繁多，管线布置交叉点多且空间关系复杂，而建筑可利用的空间有限，导致碰撞冲突容易出现，现场返工频繁，进度滞后，成本增加。因此，暖通深化设计必须要与各专业紧密协调配合，以弥补原设计的不足，避免因返工而引起进度滞后及成本增加问题。

四、商业综合体暖通系统节能设计要点

（一）冷源选配

冷源选配是实现建筑暖通系统节能目标的关键措施之一。当前，大部分商业综合体中使用的主要冷源是冷水制冷机组和螺杆制冷机组（见图6-1）。商业综合体建筑具有特殊性，其内部有很多不同的功能区，如餐饮区、影院等。此类区域面积较大，其空调系统运行负荷也较大，但设计人员通常难以掌握此类业态的实际需求，这给空调系统的节能设计带来了更大的挑战。要想实现节能目标，设计人员在进行制冷系统设计时，就要采用变频螺杆式冷水机组来保障空调系统运行的稳定性。当空调系统冷负荷较小时，其主要冷源可采用小型冷水机组。在确定冷源系统后，设计人员需要根据实际制冷需求对系统功率进行调整。近年来，磁悬浮冷水机组的发展给冷源的配置提供了新的思路。当负荷需求不明确或难以计算空调系统的最小负荷时，商业项目可以考虑配置磁悬浮冷水机组，从而确保投入使用后的空调系统能够满足多样化的负荷需求。通常，磁悬浮冷水机组的造价高于同等容量的其他电制冷冷水机组，其后续维修也更加专业。因此，在需求明确的情况下，商业项目更适合采用几台制冷设备联合作业的设计方式。

图6-1 螺杆制冷机组

（二）自然通风及分层空调

现代化商业综合体往往含有室内步行街，中庭高度动辄超过20 m。在热压作用下，此类空间竖向会出现显著的温度梯度，使各层围绕中庭设置的步行街出现上热下冷的情况。同时，中庭往往承担采光功能，玻璃采光顶带来的太阳辐射加剧了这一现象，从而给公共空间的空调设计带来极大挑战。在夏

季，中庭邻近顶部的楼层温度通常偏高，导致步行街的舒适性大打折扣。用空调来解决这一问题是十分耗能的，因此首选的应对措施是设置遮阳设施及通风窗。比如，在太阳辐射强度较大时，工作人员可以电动或手动操作遮阳帘或通风窗来减轻太阳辐射带来的温室效应。另外，设计人员在中庭顶层周边可以设置温控器，当室内温度高于室外温度时，温控器会自动开启顶部的通风窗，利用自然通风的方式排出聚集在顶部的热风。热风排出后，工作人员应根据温控器反馈的信息及时关闭通风窗，继续通过空调设备来降低室内温度。

围绕中庭的空调系统应分层设置，中庭底部通常用来举办各种商业活动，此类空间对舒适性的要求较高。在夏季，热压效应对底部空间是有利的，此时空调系统可以发挥较大的优势，从而保证底部空间的舒适性。在冬天，热压效应对中庭底部是不利的。当室内有冷风侵入时，中庭底部首先受到影响，空调系统难以发挥作用，此时地板辐射采暖系统可以在保持舒适性的情况下达到良好的节能效果。从目前的情况来看，设计人员越来越重视空调系统的节能设计，通常会采取有效的节能措施，从而在保证环境温度适宜的前提下实现节能减排的目标。

（三）冷却塔供冷技术的应用

冷却塔供冷技术在商业综合体暖通设计中较为常见。冷却塔（见图6-2）可以使空调系统在部分时段供冷，有利于实现环保节能目标。在应用冷却塔供冷技术时，设计人员要根据商业综合体的应用需求和项目所在地的室外气象参数来设定温差，并且验证冷却塔供冷时空调的冷负荷衰减情况与负荷需求是否匹配，以确保空调系统的运行效果。按照这一要求，在系统中应用冷却塔装置时，设计人员要结合商业综合体空调系统的实际运行需求来设置温差，并且保证系统的末端盘管装置具有良好的供冷能力，以达到理想的冷量设计效果。此外，设计人员在进行空调系统的节能设计时，还要采取有效措施来延长冷却塔装置的冷量供应时间，从而实现温差的优化控制。在实际应用冷却塔供冷技术时，能够对冷却塔供水温度造成影响的主要因素是商业综合体外部的温度以及商业综合体的冷负荷。商业综合体外部的温度也可视为系统冷却水温度的最低值，即冷却塔供水温度的最低值。

图6-2 冷却塔

（四）自动控制系统的应用

在商业综合体的空调系统中应用自动控制系统，可提高该系统的综合性能或运行效率，但很多商业项目在很大程度上仍然依赖人工控制。这一问题的根源是系统设计脱离了使用需求。要想解决这一问题，设计人员需要在前期考虑使用需求，客观地衡量控制系统在实际应用中能否达到节能减排的效果，同时要认识到过于复杂的控制系统会给物业人员带来麻烦。从以往的项目运行经验来看，冷机群控系统能够在节能运行的同时有效提供冷量支持。在冷机配置完成后，设计人员应以全年全程高效运行为目标，实现各台冷机轮流服务，以延长冷机的使用寿命。此外，设计人员应从整个冷源系统的角度给出与设计思路相匹配的控制逻辑。

（五）分区两管制设计

即使外部气温降低，商业综合体内部部分功能区域仍有一定的冷量需求。针对这种情况，设计人员在进行节能设计时，需要采用分区两管制的设计方式，并且根据室内功能区域的实际冷量需求来进行冷量资源的优化配置，从而在满足商业综合体室内对空调系统冷热量不同需求的同时，实现有效节能的目的。采用分区两管制设计方式能够为特定功能区域供应充足的冷气，有利于提高空调系统的经济效益。在管道设计过程中，设计人员要科学设置管道的整体长度，按照工程施工要求规划管道敷设线路，确保管道敷设线路平直，同时尽量缩短管道长度，以确保安装效果。此外，设计人员要根据商业综合体内部不同功能区域实际供水量的不同进行分区两管制设计，实现各区域冷热量的合理配置，从而在满足冷热量需求的同时，降低系统运行负荷，进而有效控制空调能耗，增强节能减排效果。

五、案例分析

某项目位于甘肃省兰州市，工程建筑面积约为 278000 m²，其中包括商业街、SOHO 建筑以及购物中心。商业街是带有步行街的多层建筑；SOHO 建筑为塔楼建筑；购物中心为裙房建筑，包含商场、影院、餐饮等多种商业业态。在该项目中，暖通系统设计的重难点在于：在设计阶段，设计人员由于无法掌握系统的具体使用需求，不能确定在设计方案中应采取哪些节能措施。因此，在该项目的暖通节能设计中，设计人员应针对不同业态及持有方式、冷源配置选取、末端选取设计、运营阶段便利性设计以及延展性设计等多个方面，展开科学细致的分析，从而使节能设计措施得到充分落实。

（一）暖通系统节能设计

在该项目中，业态类型可以分成三种，第一种为商业购物中心，该业态的持有方是项目建设单位，运营管理工作由建设方的物业负责；第二种为 SOHO，其持有方是小业主，运营管理工作由项目建设单位聘请的物业负责；第三种为商业街中的各独立商铺，其持有方是小业主，运营管理工作由小业主自己负责。在进行暖通设计时，由于第一种业态具有统一的运营时间，因此空调系统的运行负荷比较稳定。此时，设计人员可为其配置集中式系统。相比之下，第二种业态和第三种业态的运营时间不确定，系统实际负荷很难估量，因此设计人员应进行分散式系统设计。同时，在设计过程中，设计人员还需要考虑商业建筑外部的美观度要求，塔楼室外不能悬挂过多的空调外机。第一种业态和第二种业态都应用了集中式的空调系统，完全符合设计要求。

在该项目中，商业购物中心配置了电制冷主机设备，空调系统应用了一台螺杆式冷水机组设备和四台离心式冷水机组设备，以确保影院区域的冷机系统可以平稳启动且高效运行。SOHO 建筑也应用了电制冷主机设备，空调系统中设置了三台螺杆式冷水机组设备，以有效避免系统负荷失稳的问题。商业街的各商铺应用一级能效的分体多联机系统，旨在实现各商铺独立控制；外机设备安装在商业街的屋面上。该项目应用市政热力系统，采用整体供热方式。商业购物中心利用空调系统进行供热，SOHO建筑则利用地热采暖系统进行供热，商业街利用散热器进行供热。

在影院区域，设计人员应用了新风量可调的全空气机组系统，新风量占比最高可达到100%。该系统搭配独立的变频式排风机设备，可以适当调节排风量，在建筑室外温度和湿度比较适宜的情况下，可保证影院室内的舒适度以及节能效果、通风效果。在商场和商铺等区域，设计人员应用了小型的风机盘管装置和热回收新风机组设备，热回收效率显著提高，最高能够达到75%。在SOHO建筑中，设计人员应用了热回收新风机组设备和风机盘管装置，并于每层楼安装一台热回收机组设备，在内部走廊设置排风口，以确保新风气流流向走廊。走廊内安装了CO_2探测装置，当CO_2浓度降到标准范围后，新风系统自动关闭，从而实现节能控制。在商业购物中心的公共区域，设计人员设置了天窗，以借助室内热压效应来增强自然通风效果，降低公共区域空调系统的运行负荷。

（二）设计总结

笔者通过案例分析得出以下结论：在商业综合体工程项目中，对暖通系统进行节能设计，可以有效减少系统运行负荷总量，提高系统运行效率，减少采暖需求，有利于实现全年的节能减排目标。

综上所述，商业综合体的暖通节能设计对节约能源有着重要作用。在商业综合体建设过程中，采用暖通节能设计，能有效降低建筑物能耗，提高人们的生活质量，有利于促进可持续发展。设计人员应提升对暖通节能设计的重视程度，采取一系列节能措施来保证商业综合体内部具有适宜的环境温度，从而达到节约能源的目的。

第二节　人防工程暖通设计

一、人防工程暖通设计存在的问题

（一）通风量不足

设计人员在设计时要对人防地下室新风量引起足够的重视，要求能同时满足战时与日常使用需求。相比于一般建筑的通风标准，人防工程通风量要求维持在 $30 \ m^3 /$（人·h）以上。但在暖通设计过程中，设计人员在节能与成本控制理念影响下，无法有效保证通风量符合实际要求，因此，一部分人防地下室暖通设计中，新风量设计以换气次数为依据。

（二）无法满足供暖需求

人防工程的供暖需求难以得到满足是当下暖通设计中比较常见的问题之一。其原因包括以下两个方面：①供暖装置设计问题。在设计前未能对供通装置进行合理设计，供暖装置的容量过大，缺乏针对人防工程的相关管理体系，导致在施工过程中施工人员对设计方案落实不到位，从而使实际供暖与设计供暖之间出现不一致的情况。②在保温材料的选择上不够合理，所选择的保温材料质量不达标，难以达到保温要求。

（三）热湿负荷计算随意性较大

室内温度与湿度在人防工程设计中有具体要求，要求在夏季应合理控制温度与湿度。当温度为26~28℃时，相对湿度必须控制在70%~80%，当为手术室时，相对湿度要控制在50%~70%。因此，在暖通设计过程中，必须重视热湿负荷计算。在计算好热湿负荷之后，再对进风量、除湿量等进行确定。但目前在人防工程中，对于热湿负荷通常按照经验选择通风空调设备，这样就会造成地下室在夏季的温度不符合要求。

（四）平战转换措施问题

虽然在和平年代发生战争的概率较小，但依然要防患于未然，做好平战转换措施，因此，人防工程不仅要满足日常使用需求，还要考虑战时的功能转换。但目前在设计时并未对此进行充分考虑，导致人防工程被当作普通工程进行暖通设计。

二、人防工程暖通设计策略

（一）通风量设计

清洁式通风、滤毒式通风与隔绝防护时的内循环通风是战时防护通风的 3 种方式。

1. 清洁式通风机风量系数与设备选型

在计算清洁式通风机的风量时，要求按照人员数量进行确定，一般情况下新风量为 3 m³／（人·h），然后与所能容纳的人数相乘。清洁式通风机风量系数的选择范围为 1.05~1.10。清洁式通风机在遇到特殊情况时，风机风量与油网滤尘器接近，要求油网滤尘器的额定风量要在清洁式进风量之内。滤毒式通风时的工程超压漏风量应不小于清洁式通风的进风量与排风量之差，按照清洁区有效容积的 7% 选取超压漏风量。

2. 滤毒式通风机风量系数及设备选型

在计算滤毒式通风机的风量时，要求新风量为 2.5 m³／（人·h），然后与所能容纳的人数相乘。在选择滤毒式通风机时，需符合风量要求，即在 1.2 倍工程滤毒进风量以上。在暖通设计过程中，1.2 的系数属于附加风量的最大值。要求能结合实际情况做好净空高度设计，按照地下室建筑高度对暖通设备的净高度进行计算，确保暖通设备高度符合实际要求。

滤毒式通风机进风量需小于过滤吸收器额定风量，其原因如下：①额定风量阀设置在滤毒进风系统上，新风量计算要以过滤吸收器的滤毒进风量为依据，且过滤吸收器额定风量在设计时要有一定余量；②风量监测装置设置在滤毒进风系统上，值班人员可以通过监测装置对风量变化进行了解；③清洁式通风管路多作为战时通风管路，相比之下，滤毒进风量较小，只有清洁式的 1/3。

3. 隔绝防护时的内循环通风机风量系数与设备选型

通常情况下，清洁式与滤毒式通风管路的密闭阀门在内循环通风时处于关闭状态。采用清洁式进风机作为隔绝式风机，不设置排风，对风量进行计算时可参考清洁式风量计算公式。为了实现隔绝防护时的内循环通风，要求将插板阀设置在清洁式通风机与滤毒式通风机上，清洁式通风机与滤毒式通风机不能同时开启。

（二）供暖设计

采暖通风与空气调节系统需要在防空地下室与上部建筑中分别进行设置。采暖管道需适应防空地下室，在人防围护结构处采取密闭防护措施。地下人防工程上部建筑布置为块状，供暖管线处于平铺状态，但是管线不允许直接穿过人防工程，需要通过绕行的方式实现管线布置，通常会将供暖管线布置在人防围护结构外侧。室外供热管网要求能改变走向；在室内布置夹层，在夹层内敷设供热管线及其他管线；将地沟设置在室内人防围护结构下，在地沟内敷设供热管线及其他管线。

人防工程中的地下室内会设置空调机房，这也要求合理布置管线，避免在人防围护结构中出现大量管线穿越。阀门需按照规范要求在人防围护结构两侧合理设置，如果将多个阀门设置在一根管线上，也将带来诸多不便。因此在实际设计时，需要对建筑房间进行合理布置后才能对管线进行布置，确保管线布置符合要求。如果地下空间相对较大，具有较大通风量，难以确定通风时间，因此，在设计供暖系统时必须设计为小系统，采取多个小系统进行调节与控制，以满足区域内的供暖要求。

（三）热湿负荷及通风阻力设计

在对人防工程热湿负荷及通风阻力进行计算时，需严格按照以下步骤，以确保计算的有效性与合理性。

（1）对地下室内外热湿负荷计算参数进行合理确定，对热湿负荷进行精准计算，计算内容主要有人员散热散湿、壁面散热散湿等。

（2）做好热湿比计算。

（3）对通风系统进行合理选择，并做好阻力计算。在对通风系统进行调整时，要使用阻力调节技术，确保整个系统运行平衡。

（4）热湿负荷及通风阻力在计算出来之后，就要对通风设备进行合理选择。

（5）为避免按照经验选择通风设备，要求做好复核验算工作。

（四）平战转换措施

人防工程暖通设计，要求在战时能及时完成暖通设备转换，无须机械，仅用人工就能在一定期限内完成转换。因此，在暖通设计时要重视平战转换措施。

1. 通风竖井

通风竖井不仅能满足平时使用需求，在战时也能发挥重要作用。通风竖井位于人防工程内，要求在战时可以进行有效封堵。常用密封材料为沙袋、泥土等，战时将预制板加盖在竖井顶板位置，实现有效封堵。使用这种方法可以有效利用竖井，但也存在缺点，如在战时将地上部分拆除，然后临时封堵，操作比较烦琐，且在临战前就要将防护盖板预制出来。

2. 预埋穿墙短管及法兰

在通风竖井侧壁预埋穿墙短管及法兰，防护体内平时风管在临战前要拆除，使用螺栓连接钢板及橡皮垫与预埋穿墙短管及法兰。临战时这种方法相对比较简单，但也存在缺点，如对预埋穿墙短管及法兰要求较高，强度与密闭需符合要求，且在建筑浇筑时就要完成预埋。

3. 设置集气室

防护密闭门和密闭阀门分别安装在井壁两侧位置，平时开启正常使用，战时关闭，也可以只将防护密闭门安装在井壁位置，将密闭阀门安装在集气室接出的风管上。这种方法在临战时能快速完成平战转换，缺点是要求集气室门具有较强的密闭性，避免有较大漏风量。

4. 通风采光窗

通风采光窗在平时可以发挥通风与采光功能，但在战时要将其封堵严实，并按照通风采光窗的设置合理选择封堵方式。通风采光窗低于室外地平面的，可采取全填土式、半填土式进行封堵；通风采光窗高于室外地平面的，可以选择挡板式封堵，这种方式虽然能满足战时防护要求，但缺点是操作比较烦琐。

三、其他设计要点

（一）旱厕换气

人防工程内滤毒通风期间的机械送风量是有限的，为了确保旱厕内拥有足够的换气量，需设置防爆超压排气活门，保证旱厕换气通风。但受到防毒通道内换气次数的影响，送风系统难以为旱厕及防毒通道提供所需换气量，因此必须重视旱厕换气。

（1）清洁通风时换气。在战时可以通过清洁通风为旱厕提供换气。具体流程是从清洁区开始，经过干厕、排风管等，最后经过竖井完成通风换气。

（2）清洁、滤毒通风换气。这种方法布置相对比较简单，能在战时为旱厕提供通风换气。具体流程是从旱厕开始，经过防爆超压排气活门与简易洗消间，最后经过竖井完成通风换气。

（二）密闭阀

在人防地下室防护通风系统中密闭阀是重要组成设备之一。常见的密闭阀可以分为两类，即手动和电动。人防地下室为5级和6级的，可以采用手动密闭阀，而手电动两用密闭阀需设置在染毒区和不便操作处。手动密闭阀的设置对是否可以正常开关有要求，在设计过程中要求在扩散室与除尘室之间设置小门。要求手柄（电动机）有充足空间进行操作，确保管道与阀门内径保持一致。染毒区进风和排风管路上一般会设置手柄（电动机），通风方式转换便能由此完成。水平或竖直安装手动密闭阀，阀门可全关或全开，风量不能调节。使用独立支、吊架托起阀门。在设计过程中，从染毒区到清洁区需设置两扇以上分隔防护密闭阀门（密闭阀门）。防护和密闭这两个基本功能在设计时十分重要，因此要确保密闭阀门设计符合实际需求。

人防工程暖通设计要结合具体项目，采取科学合理的设计方法，保证暖通设计符合实际需求。在设计过程中不仅要对常见问题进行处理，还要做好旱厕换气与密闭阀设计两项工作，确保设计的全面性与整体性，能保证人防工程在平时与战时正常使用，便于平战转换。

第三节　高层建筑暖通设计

在经济发展的过程中，我国城市化建设需求越来越大，出现了大规模的高层建筑物，因而需要进行暖通设计的优化改进。在进行暖通设计时，设计人员要认识到暖通系统是重要的应用部分，对居住环境的舒适程度有巨大影响，因此，要提升设计方案的整体质量，减少设计问题以及技术差错。设计人员需要针对暖通系统的应用情况给予高度重视，采取有效的监管方式，分析主要问题，并且进行技术改进。暖通设计问题会造成施工质量隐患，因此在进行暖通设计的优化改进工作时，应当根据实际要求减少施工质量隐患。

一、高层建筑暖通设计存在的问题

（一）通风问题

高层建筑物属于封闭型建筑，内部的通风质量会受到暖通设计的极大影响。在进行暖通设计时，设计人员要针对建筑内部的通风问题进行有效规划，充分提升空气流通效率，解决通风问题。另外，如果选择不合适的技术设备或者不适宜的保温材料，会造成通风方面的问题。例如，在普遍情况下，设计人员会选择铝箔玻璃棉作为保温材料，这是一种常见的保温材料，虽然有较强的保温效果，但是不能进行冷冻水管的保温。

（二）散热器问题

在高层建筑物中，散热器的应用非常重要。一般而言，散热器要安装在楼体内的直管和立管中，为了提升散热效果，要进行有效规划。但从当前的应用情况来看，许多高层建筑物的暖通设计不到位，没有按要求应用散热器。许多建筑物楼体中的散热器使用不能独立工作的立管，没有进行独立结构的设计工作。一般情况下，相关人员要进行双连接的操作模式，将室内管道和周边空间有效衔接，这是为了解决维修管理时的应用问题。如果散热器不能有效应用，会加大散热工作负担。

（三）空调设计问题

进行高层建筑的暖通设计时，相关人员一般会全面考虑建筑物的整体功能。在进行负荷计算书的编制工作时，要确保其符合技术要求。但在高层建筑的施工过程中，有部分建设单位或者投资方前期考虑不周，导致暖通系统的内部设计审查被放到施工图纸的审查工作之后。在后期建设的过程中，使用方或者业主自行更改，在某一个单独的独立系统中建设多个空调系统，导致系统应用较为混乱，不但会影响建筑工程的整体进度，也会影响高层建筑的结构质量。

为了减少资源浪费，提升技术方案的实用性，实现全面的自动化管理，避免资源过度消耗，相关单位要正确对待暖通设计问题，聘用具有相关资质的设计人员，同时要多次进行建设单位和业主方的协调沟通，实现暖通系统高效运行。

二、高层建筑暖通设计优化路径

（一）优化设计通风系统

目前，暖通设计中应用效率最高的通风系统是利用采风口引入外界环境中的自然风，再通过新风竖井将风力推送到送风机中，借助设备的力量进行集中管理后送达室内，形成空气流通。这需要多部机械设备参与实际工作，也需要进行设备的统一管理，还需要进行风力作用的人工干预。在应用诱导通风模式时，设计人员要注重消防系统与分模块系统的设计应用，周密地进行地下停车场和地下设备用房的技术监控，及时进行机械排风系统与补风系统的设计工作。

（二）改变原有的暖通设计理念

在社会发展水平提升的过程中，原有的暖通设计理念已经难以满足当前的高层建筑需求。目前，人们对高层建筑的整体要求越来越高。现代建筑模式多种多样，且受到多种因素影响，因此要做好暖通设计理念的改革创新，在时代发展的过程中应用先进的设计理念，以及更为先进的设计技术，倡导科学发展观。

在进行高层建筑暖通设计时，设计人员要采取规范管理模式，严格按照技术要求进行工程检验；要认识到不断学习的重要性，积极学习先进知识，开阔视野，运用建筑学原理提升施工质量，实现暖通设计的和谐管理。

（三）合理布置管线

在暖通设计的过程中，要认识到建筑外观的重要性，因此，设计人员要合理布置空调管线。暖通系统中包含多种管道，如冷冻管和排风管。在暖通设计的过程中，如果无法合理布置管道线路，不考虑周边建筑的实际情况，就会造成设计方案与施工现场的矛盾。因此，设计人员要严格按照设计方案进行管道线路的合理设计，提升设计方案的融合度。在布置管线的过程中，容易出现管线交叉问题，因此在开始操作前，设计人员要进行管道线路的有效标注，方便开展后续施工，避免造成技术差错。如果发生技术差错，就会造成建筑物的破坏问题，不利于后续施工的有效进行。可见，合理布置管线是非常重要的设计问题，相关人员要根据实际情况进行有效改进。

（四）优化设计防烟系统

1. 防烟系统设计

在高层建筑暖通设计中，防烟系统具有重要的防范作用，因此应当进行防烟系统的优化设计，解决技术应用问题。一般而言，要在高危区域进行防烟设备的安装工作。比如，在没有自动排烟功能的楼梯区域，为了确保防烟系统处于正常工作状态，要在楼梯和前室之间设置余压阀，实现更为高效的风力输送。

2. 节能减排设计

现代社会倡导科学发展观，提倡节能减排，高层建筑行业同样对内部系统有环保要求。在开展暖通设计时，要着重进行节能减排设计，减少能源消耗，提升各项资源的利用效率。暖通系统在进行电力输送的过程中要消耗大量能量，如果设计人员不注重这方面的应用问题，会造成严重的能源浪费。为了尽可能减少能量消耗，要根据高层建筑的具体需求进行合理安排。可见，节能减排设计对于环保管理工作有重要意义。

3. 提升暖通设计方案的可行性

要提升暖通系统的应用效率，首先要提升暖通设计方案的可行性。VRV 变频空调系统和 VAV 空调系统是两种应用效率最高的空调系统，也是整体性能良好的暖通系统。进行这两种方案的对比分析，可以了解到暖通设计方案的重要影响。设计人员要根据高层建筑的需要选择合适的应用系统，充分考虑各方面的影响因素，提升暖通设计方案的实用性。

暖通系统的自动化应用水平在不断提升，人工成本也在不断降低，但在技术方面会投入更多成本。进行暖通设计方案的选择时，设计人员要充分考虑两大影响因素，即技术和成本。如果需要频繁调控，为了提高工作效率，可利用自动控制阀门。如果只需在换季时间进行系统的调控，可选择手动控制阀门，减少技术成本投入，尽可能简化设备操作，提升设计方案的实用性，以及工作系统的稳定性。由此可见，提升暖通设计方案的可行性对项目施工有重要影响。

4. 减少噪声

从目前的发展状况来看，人们对暖通系统有了更高的要求，噪声问题严重的空调已被淘汰。为了减少噪声干扰，提升人们日常生活的舒适度，要尽可能消除空调噪声，提升用户居住质量，这也是现代建筑设计的重要目标之一。目前，我国高层建筑暖通系统的噪声问题得到了有效控制，但在实际操作中，依旧会出现一部分噪声问题。一般而言，在进行暖通设计时，设计人员可采用软橡胶作为内部材料，降低空调的振动频率，降低噪声产生的概率，提升人和建筑的和谐度。此外，应根据空调型号选择合适的软橡胶材料，保护空调的末端设备。噪声干扰是影响现代居民的重要问题之一，为了有效解决这类问题，要从根本入手，为城市居民提供良好的居住环境。

目前，我国高层建筑暖通设计依旧存在一些缺陷与问题，为了有效地解决这些问题，减少能源消耗，提升系统运行的稳定性，需要技术人员强化学习意识，提升自身的学习水平，实现高效的暖通设计；减少成本投入，减少能源消耗，在满足工作需要的前提下实现收益最大化，提升企业的发展效益，促进高层建筑领域的未来发展，为我国基础设施建设工作提供发展动力和应用力量。这对我国建筑行业的未来发展也有重要影响，符合未来高层建筑的发展趋势。

第四节　地下建筑暖通设计

一、地下建筑暖通设计中的注意事项

（一）充分地了解及把握建筑物实际状况

要做好地下建筑暖通设计，并且使暖通系统具有良好的使用效果，就必须将各个工种结合在一起，保证地下建筑暖通设计具有较高的适用性、经济性及美观性。因此，在地下建筑暖通设计中，必须配合好各个工种，详细地了解整个建筑物的实际状况，弄清楚该建筑物在设计总图中所占的位置、毗邻的建筑物状况以及地下建筑周围的供水、供电、供热管道的实际敷设方式以及可能出现的接口地点，从而方便后续的暖通设计工作。

（二）做好经济性比较

在地下建筑暖通设计过程中，在确保设计方案优越性的同时，还需要充分地考虑经济性比较问题。在比较经济性的过程中，必须进一步判断其标准是否相符，从而采取相应的设计要求、设备档次、使用情况以及能源价格等多种计算条件，做好比较，进而保证之后设计工作的顺利进行。

（三）安全性问题

在地下建筑暖通设计过程中，要考虑到安全性，需要进一步探究地下建筑物中是否有易燃易爆产品，对于这些产品是否做好了防护安全工作。除此之外，还必须进一步确保物品环境的安全性以及系统设备运行的安全性等多方面问题。在地下弹药厂房、库房以及煤矿等地下建筑暖通设计过程中，需要迫切考虑的一个重要问题就是安全性，此时必须采取防爆技术方案以及防爆措施。在燃油燃气锅炉房等地下建筑暖通设计过程中，要考虑到可燃性气体以及液体出现泄漏情况从而可能带来的安全性问题。此时，必须在建筑物中设置可燃性气体泄漏报警装置以及事故通风系统，进一步保证地下建筑的安全性。

（四）可行性及可靠性

在地下建筑暖通设计及施工过程中，可行性及可靠性的实现能够更进一步地提升暖通系统的具体使用体验。同时在暖通设计方案确定过程中，要保证设计方案完全符合国家及当地政府有关法律法规的要求，其中主要包括环保要求、供电要求、供水要求以及供热要求等多方面的要求，同时还必须考虑到以上多个因素的长期变化情况。

二、地下建筑暖通设计要点分析

（一）合理地改善地下建筑物的围护结构以及保温性能

一般情况下，要更进一步实现地下建筑暖通设计方案，就必须进一步改善地下建筑物的围护结构，确保建筑具备良好的保温性能。此时，可以通过减少建筑物的冷热损失等，更进一步达到绿色节能的要求。而想要更进一步地探究其是否具有良好的节能效果，就必须正确地选择建筑物的朝向，通过围护结构的设置进一步地实现节能目的，合理地控制外表面积及空调冷负荷，在建筑物暖通设计过程中，还可以通过控制建筑物体型系数这一因素，同时考虑到建筑物造型以及美观性的要求，进一步增强

围护结构的热阻值。为了进一步确保地下建筑物的节能效果，还可以从建筑物的围护结构、室内的热量以及太阳辐射占围护结构造成热量的比例进行考虑，尽可能减少地下建筑物外窗的面积，同时采取较为有效的保温措施，实现节约暖通资源的目的。

（二）使用变频调速技术

一般而言，在地下建筑物中使用输配系统的主要任务就是将冷热量经过制冷站或者是空调机房，直接输送到地下室内部。地下建筑不同于以往的一般或者是非一般的非住宅建筑物。多数情况下，地下建筑物中暖通系统电力消耗的最大部分在于冷量以及热量通过风机与水泵输送及分配所消耗的能量，这也是地下建筑能耗过多的主要原因。在目前的地下建筑物中，集中供冷系统以及供热系统所消耗的电能，占据了我国城镇建筑物运行电力消耗的 1/10，而通过采取节能技术以及应用变频调速技术，能够进一步节省这一部分的电力消耗，甚至有可能降低 60%～70% 的电力消耗。通过在地下建筑能量设计过程中应用变频调速技术，能够实现地下建筑物节能要求。

（三）降低输送系统动力能耗

一般而言，地下建筑物中的动力能耗是指在系统运行过程中风机以及水泵所消耗的电能，通过采取科学合理的方式，可进一步降低风机以及水泵所消耗的电能，从而实现整个暖通系统的节能目的。在工程设计及实践过程中，要想节省暖通系统的动力能耗，可以通过将大温差应用于水系统中，进一步减少空调冷冻水系统以及冷却塔水系统中的气堵，从而节约水量，降低输送过程中需要消耗的能量。除此之外，还能够通过减小管道的直径，进一步节约建设中的投入资金而达到节能目的。

除此之外，还可以通过降低流速等，更进一步地控制水泵以及风机能耗，同时使整个暖通系统获得更好的节能效果，从而更进一步提高整个暖通系统的稳定性。另外，可以使用具有更高输送效率的载能介质，在输送相同的冷热量过程中，进一步节省水管管径，同时进一步减少地下建筑物中水管管径所占的比例。

根据如今建筑领域中地下建筑有关的设计规范，本节简要地分析了地下建筑暖通设计过程中相关的注意事项，从而进一步提高设计人员对暖通设计的重视程度，同时进一步加深设计人员的认识，帮助设计人员在实际工作中，根据地下建筑物的实际状况以及工程的地形地势，选择最合适的设计方案，保证整个地下建筑物的暖通设计具有更高的经济性及舒适性。

第五节　化工工业厂房暖通设计

随着我国工业化进程的不断推进，以及国家对化工工业的政策支持，化工工业的发展速度越来越快，这就要求其厂房的建设质量必须随之提升。在化工工业厂房设计中做好暖通设计尤为重要，其中的采暖形式非常多样化，包括散热器采暖、暖风采暖以及辐射采暖，要根据厂房的实际情况进行选择。同时还要做好厂房的通风和环保，最大化厂房应用质量。因此，相关人员要对化工工业厂房暖通设计进行深入研究和探索，设计最佳方案，让厂房暖通设计得以优化。

一、根据厂房的实际情况，合理地进行负荷计算

化工工业厂房与民用厂房有着很大的不同，其中在制冷和采暖方面所需要计算的负荷有很大差别，并且化工工业厂房的计算更加复杂。为了更好地进行化工工业厂房暖通设计，需要依托温度进行负荷计算。一般来说，化工工业厂房设计的温度范围为 12～15 ℃，其采暖温度的范围就应当控制在 14～16 ℃。

因此，在进行化工工业厂房暖通设计时就需要将温度设置在 26~27 ℃。由此可以发现，设计的温度差并不大。设计者在进行温度计算的时候要摒除传统认知中建筑冷暖负荷变化有局限性的误区，了解到其变化可以进行大小调节，以及其变化的多样性。有的厂房专注于新风系统的建设，其占据了总负荷的一多半，有的厂房则更加关注热加工方面的处理，这些都容易让空调热冷、湿负荷的比例较高。因此，相关人员要根据温度进行负荷的合理计算。

二、化工工业厂房中空调的选择

首先，化工工业厂房中的通风设计要结合工种、流程、布置等情况进行相应调整，力争做到设计合理，并做好各个环节、部分的兼顾，而不是局限于通风单个功能的实现。在同一个工种的车间范围内，我们可以进行全室通风设计，但是如果涉及不同工种，而且不同工种对于暖通空调温湿度的要求不同，就需要区别对待，结合工种所要求的散热标准，以及所达到的污染情况，做好进一步的除尘和排风系统设计。如果厂房内房间的散热量较低，则可以通过屋顶安装的方式提升空调的应用效能，达到排热效果的实现。同时，这种方式还能够达到节能的效果，对于焊接、化工等车间应用效果极为明显。

其次，化工工业厂房在进行暖通设计时还要进行散热器的配置，并做好散热器的优化选择。如果厂房的负荷较大，那么可以选择钢制的翅片散热器，其面积较大，可以满足厂房对于热量的较大需求。与此同时，我们也必须看到，此散热器的应用很多时候容易和厂房的负荷要求产生冲突，为了更好地与厂房负荷相适应，可以进行暖风机的装置，从而可以对厂房热量予以更好的补充。如果车间的粉尘较多，则极容易导致散热效能的降低。因此，为了更好地满足粉尘车间的热能需要，就需要选择钢柱式散热器，一方面可以达到很好的节能效果，另一方面还能够对热量的供应予以优化。在进行化学工业厂房暖通设计时，还要注意厂房的面积较大，简单进行全厂的车间加热并不合理，甚至只能造成能源的浪费。

三、化工工业厂房的通风设计

暖通设计中通风设计同样是非常关键的部分，首先，其需要注重做好对自然通风的设计，这就需要对排风口面积进行合理设计。在设计过程中要注重与自然风力相符合，与风压的变化情况相吻合，这就需要对通风口面积进行调整，从而达到更好的通风效果。一般来说，排气口的面积应当大于进气口的面积，这样可以达到更好的换气效果。其次，在进行通风设计时还要注重解决进气短流的问题，其主要是指通过进气口进入厂房内的新鲜空气，未经过作业范围便已经被加热上升到天窗排气口位置，从而被排出。这样不仅无法让厂房内的空气得到更好的交流，无法让新鲜空气更好地进入空间内，也无法让厂房达到很好的加热效果，无法有效改善厂房空气质量。因此，为了更好地改善厂房的通风设计，需要对进风口、出风口的比例进行优化，让外部空气能够更好地进入厂房内，让其有效改善厂房空间质量。最后，化工工业厂房对于通风的需求具有自身特点，需要在进行暖通设计时对通风天窗的飘雨问题予以有效改善。这主要是因为在厂房内设置垂直挡雨板，往往挡雨效果不佳。最好能够使用水平方向的天窗，并加设相应的挡雨片，从而既能够让厂房的通风效果更好，而且可以更好地挡雨。

化工工业厂房很多时候不仅是工业加工生产的重要场地，而且是化工原材料、成品存放的场地，做好相应的暖通设计是厂房的应用需要，也是产品储备的必然需要。因此，相关人员要注意做好厂房暖通设计优化，采用合理的、优化的采暖系统，优化暖通设施，并对通风装置进行改善，提升厂房的应用品质，让化工工业厂房的应用效能得以提高和强化。

第七章 暖通设计应用研究

第一节 绿色能源与暖通设计

随着我国社会经济的不断发展，人们的生活质量不断提升，对于居住的舒适度与安全性关注度也越来越高，这对建筑工程暖通设计提出了更高的要求与标准。

一、变频技术的应用

现如今，大多数人对于变频技术都有一定的了解，将其应用在暖通系统中，不但能减轻能源损耗，还能对资金成本起到有效控制的作用。空调设备并不完全在超负荷状况下运行，其功率会受到实际环境因素的影响而发生变化。若周围环境良好，空调设备无须在高负荷状况下运行，暖通系统就会借助自动降低功率的方式，起到有效节能的效果。

二、冷热泵技术的应用

在现代暖通设计中，绿色节能技术不仅体现在变频技术的应用方面，还体现在冷热泵技术的应用方面。冷热泵技术依托地源耦合泵装置，可达到暖通系统供冷供热的效果，满足人们对于室内温度变化的实际需求，还能改善人们的居住与生活环境，提高居住的舒适度。另外，有效利用地源耦合相关设备可为居住者提供日常热水。冷热泵技术依托地下水恒温的属性，可达到地下水与地下管道热交换的效果。通常情况下，受夏季气温升高的影响，冷热泵技术会在暖通系统中起到制冷的作用，可将室内多余的热量排出，然后在日常生活中有效应用这些热能资源，或将其储存在地下室内等，在冬季，借助冷热泵技术，将热能资源有效释放，可满足居民热水供应的实际需求。

三、地源热泵技术的应用

在暖通设计过程中，有效应用地源热泵技术，从而充分利用地下浅层地热能源，不仅可以释放热能，还能发挥制冷的作用效果，这也是绿色节能型暖通系统的重要组成部分。通过地源热泵输送少量有效电能，就可使低温热能演变为高温热能。地源热泵技术的主要应用是地下水源热泵装置、地埋管式地源热泵装置及地表水热泵装置等，不但能够满足居住者对热水供应的要求，同时还能将温度控制在10~25℃。与传统空气源热泵技术相比，地源热泵技术作为绿色能源的代表，有着明显的利用价值，应用成本相对较低，与传统空气源热泵技术相比能节省46%左右，与电采暖方式相比可以节省74%左右。

四、自然通风技术的应用

在暖通设计中有效应用自然通风技术，不仅是绿色节能的直接表现，同时还是利用自然条件有效改进热环境的重要方法。假如室内空气干球温度与焓值都高于室外，在热压与风压的作用下将达到通风换气的效果，在消耗能源的情况下，可加速降低室内空气温度，提升舒适程度，改进人们的生活质量。自然通风技术在暖通设计中合理运用，不但会降低能源消耗，还能体现出绿色节能的重要价值，起到保护当地自然资源的作用。

五、低温送风技术的应用

在暖通设计过程中应用低温送风技术,需要对室内空气温度进行集中化处理,送风温度为 4~10℃,比常温空调系统的送风温度低 12~16℃,可进一步减轻空调系统的运行费用。低温送风装置具有成本小、空间节省大、运行节能效果佳以及舒适水平高的特征,现已在暖通设计中得到广泛应用。

六、热能回收技术的应用

在暖通设计过程中,热能回收主要由冷凝热与排水余热构成。其中,排水余热的应用目的是应用新风系统达到稀释与缓解室内有害气体,改进整体室内空气质量的效果,另外,新风进入室内时,会将旧风排出,减少新风负荷,同时利用旧风的能源效应,通过交换器装置、预热器设备对新风展开预热、预冷,起到控制排送风热量损失的作用。

七、新能源与再生能源的有效应用

在暖通设计中,节能减排体现在众多方面,要适当使用新能源技术,如冷热泵技术的应用、地源热泵技术的应用等。有效应用新能源及其再生能力,可以使空调设备满足节能减排的要求。

第二节　BIM 技术在暖通设计中的应用

BIM 技术可以把各种不同类型的物体虚拟构建出来,借助精确化的模型,更为直观地呈现给设计人员,给设计人员开展各项工作提供帮助,使设计人员可第一时间将各类设计参数进行集成化转换,不断提高设计人员的工作效率,且设计的水平以及质量也会得到保障。在开展暖通设计工作时,须注重 BIM 技术的使用,尽可能提升 BIM 技术在暖通设计中的重要程度以及参与度,使暖通设计达到相应的标准和要求。

一、BIM 技术概述

BIM 也被称为建筑信息模型,是建筑信息管理的一种形式。它把建筑工程项目的各种数据信息整合在一起,以三维数字技术为基础,构建建筑模型,同时完成建筑工程项目前期、中期以及后期的管理设计工作,协调性地开展各项信息管理工作,构建三维模型数据信息库,使各项数据信息更加直观,将建筑设计以及后期的安装操作进度尽可能全部展现出来,实时共享数据信息,最大限度地减少各类不必要的施工操作,调控好施工成本费用,保障各类数据信息的完备性。

二、BIM 技术的应用优势

把 BIM 技术融入暖通设计工作中,可以借助 BIM 技术的应用优势,提高暖通设计的效果。把原本的二维平面设计转变为三维立体设计,赋予暖通设计可视化等特征,从而进一步推动我国暖通设计行业的发展,带领其走上一个全新的高度。

与传统的二维设计相比,三维设计不但可以确保暖通设计的品质,同时还可以让后期工作进展得更为顺畅,各类施工以及安装也将变得更加合理。借助 BIM 技术构建三维模型,可以让人们直观地了解暖通设计以及后期养护维修所涉及的各类数据信息。

三维设计可实时展示暖通设计以及施工进度等内容,使得给排水及建筑等各项工作能够同时进行，这样就可以节省下大量的施工时间，缓解施工人员的压力，降低施工成本，同时能预知故障，尽可能减少各类故障的产生，即使发生了故障，也能及时找出原因并加以解决。除此之外，还把建筑设施的各分项提升到整体的高度上进行分析，处理好设备之间的各类冲突性问题。

三、BIM 技术在暖通设计中应用的优势

（一）BIM 技术的精确性

在传统的二维平面设计中，设计人员不能把管材型号等一系列数据信息标注到施工图纸上，这就使建设方缺少了相应的参考依据，很容易产生造价等方面的误差，甚至还会造成设计质量等盲点问题。

BIM 技术可以较好地处理这种设计缺陷问题，把各类数据信息更为立体化地呈现给建设方，有效地促进后续施工建设工作的开展。

采用 BIM 技术的目的就是帮助人们更直观地分析建设成本、施工技术等，防止设计错误，使施工人员加深对设计方案的理解，避免出现返工及质量方面的问题，促进现场施工活动的开展。

另外，采用 BIM 技术还可以动态化地监控工程项目，更新实际的施工进度和施工人员反馈的设计问题，便于设计人员第一时间对其进行修改，从而让工程项目施工维持一个稳定的运行状态，切实保障施工质量，完成现场施工管控的基本任务，保证工程项目开展的严密性以及精确程度，避免其后续产生各种问题，促进我国建筑工程行业的发展。

（二）构建风管系统模型

构建带有机械性能的 HAVC 系统库，开展通风管网和管道布置三维建模工作。利用 BIM 技术的优势之一是对一个位置进行改正，将自动化地协调并变更库里的各类模型视图。根据工业标准、规范等完成各类制图工作，精确地进行尺寸的标注以及管道压损的计算。

风管尺寸一般较大，占据的立体空间比较多，新风管道更会延伸到建筑的外部，就会和建筑内部的墙体产生碰撞等问题，这类问题用 BIM 技术可以轻易地解决。

（三）BIM 二维绘图设计

在开展二维绘图设计工作时，必须将暖通系统中的空调组及水泵借助投影轮廓的方式制成图块，表达出空调组所处的位置及相应的配套设施。设计人员可以就其设计需求从 BIM 技术的产品库中选择和使用合适的数据信息，完成设备产品具体性能以及参数的设计工作。

（四）构建数据平台

利用 BIM 技术可以把三维信息模型所包含的各项设备数据信息整合在一起，并划分到统一的信息数据平台中，使得暖通设计可以更为直观且立体化地展示出来。

在实际的暖通设计中，BIM 技术通过三维信息数据模型，将暖通空调中的各类系统合理架构包括设备的形状、型号等各类信息都能借助 BIM 建筑仿真模型显示出来，最大限度地降低了各个环节协作中的错误率等。设计人员可以通过网络信息管理平台进行相关信息的查阅，实现数据信息的共享，完成暖通设计工作。

（五）尝试时期暖通空调的使用

MagiCAD 是 CAD 的衍生软件，能有效地满足设计人员的设计习惯和需求，而且还与专业建筑信息模型软件设计相吻合。

无论是教学楼还是办公楼都会使用 BIM 技术，其涉及层面十分广泛，在暖通设计中，要合理使用 BIM 技术，与传统的二维设计相比，无论是在表达方式上还是在绘图效率等层面都存在十分显著的差异性。

四、BIM 技术在暖通设计中的应用

（一）设计时期

通常来说，暖通设计过程大致分成 3 类，分别是热冷源的设计、计算负荷以及暖通设计方案。首先是热冷源的设计，一般高校中所设置的暖通空调主要被安装到公共场合中，在这一区域之中，应采用多台联机制冷的方式进行施工，在日均温度较高的状况下给其创设冷负荷，提供给其做功的条件，之后再借助锅炉房，循环性使用二次过水，二次加热水温度，最大限度地提高回水的温度，让其达到相应的数值标准。合理使用热转换器，使其水温可以达到相应数值标准。

另外，高校暖通空调的使用可以更好地应用太阳能，将太阳能热水器安装到日光照射较长的位置，借助太阳能去加热水，提升其温度，并在活动较为密集的区域中使用冷热源的设计，利用地源热泵提升温度，更好地达到设计的目标。其次是计算负荷，分析汇总高校暖通空调设计数据信息，结合该高校的实际状况，实时开展能耗分析计算等各项工作，得出一个高品质的暖通空调设计方案。最后是暖通设计方案的使用，就其方案开展较为严苛的各项施工安全工作。

（二）BIM 技术的尝试

BIM 技术的使用是我国建筑行业发展的新纪元，其开创了建筑行业发展的新潮流，同时还给建筑行业带来了优良变化，并顺利完成转型的工作。

大多数建筑公司会使用转换现存的模式，该模式的使用会约束员工培训工作的开展，无法处理培训发展所存在的各类问题，还有一些建筑公司无法承担转型所付出的金钱等，只能被迫放弃 BIM 技术。

应合理使用 BIM 技术，逐步推广该项技术，完成各类转换工作。合理选择 BIM 技术，借助专业化的软件。建筑行业的价值会比较高，且各类不同区域的侧重点有着很大的差异，其实际采暖方案也各不相同。

（三）BIM 技术和普通二维设计的区别

分析 BIM 技术以及传统二维设计技术，对二者进行比对，选用我国某建筑暖通空调设计方案开展分析等工作。

（1）BIM 技术和二维设计技术的绘制方式有着很大的差异性，若采用传统二维设计形式进行施工，那么其在进行暖通管线设计工作时，就需要分析管线的粗细程度，在其上部标注出相对应的数字标志及文字等，正确区分其内容，对其管线以及设备的交汇情况进行分析。使用 BIM 技术能较为简单地进行管线的设计，其技术的应用可以更好地容纳管线，使原本的点—点变成点—面，高质量地完成各类设计工作，使设计的意图可以更加完整。

（2）BIM 技术和二维设计技术应用的表达形式不同，传统的二维设计需要以线条间的关系为基准，借助二维投影，合理组合阀门及管线等，标注各类构件的尺寸数据参数，其实际的工作流程会较为复杂。在使用 BIM 技术时，需要将其技术构建在数据精确的基础上，设计人员自行挑选，使其模型更加直观合理。同步性地去显示各类数据信息，不再花费时间去标注出信息内容。

（3）二者应用技术的绘图效率差异明显，传统的二维模型绘制形式只能采用线条的形式，这就使二维平面的局限性过强，其后期的观察也会过于抽象化，设计人员必须要在脑海中对二维设计图纸进行分

析，在进行数据的标注工作中，其所展现出的局限性也比较明显。但是采用 BIM 技术时，模型的绘制形式会比较简单，模型的展示效果也会比较好，采用三维的形式开展点、线、面的设计，将这三者更为紧密地结合在一起。构建设备管线及设备模型，让其尺寸标识都可以更为显著，让人直观了解到其参数信息。

总的来说，BIM 技术在实际的应用工作中，难度会比较高，且实际的绘图效率也会比较差。传统的二维平面设计形式主要是采用绘制图块的形式对空调的构件设备等进行标识以及区分。

借助 BIM 技术构建模型，其所展现的优势会比较明显，能直接构建模型，且不需要再次去划分，可以较为直观地展现出设备以及各类管线之间的连接形式，在三维模型当中，已经涵盖了设备和管线的尺寸和各类相关的数据信息，也为以后的设备安装管理提供了便利。

BIM 技术是建筑工程前期设计和工程后期建造管理数据化的实用性工具，需要不断整合各类参数信息，在建设项目策划设计时期、运行建设时期等完成数据信息的传输以及共享，这样可以有效地保障设计人员以及施工管理人员等对其建筑设施综合信息所得到结论的准确程度，实际的工作效率也会得到保障，可有效减少施工成本费用，节约资源能源，同时还可以合理地配置各项资源能源，对我国建筑行业日后的发展有着极为重要的作用，需要完善设计以及技术等，推广 BIM 技术的使用。

五、基于 BIM 技术的站房暖通系统设计案例分析

（一）某站房工程概况

某车站站房为线侧下式，采用上进下出的流线模式，总建筑面积 3999 m^2，最大聚集人数 800 人，高峰小时发送量 314 人。主体高度 20.1 m（室外地坪至檐口最高点）。站房中部为候车厅，一、二层两侧为生产办公及设备用房。候车厅吊顶最高点高度为 13.8 m，两侧高度为 13.8 m，两侧办公房屋一层高 5.7 m，二层高 8.1 m。建筑抗震烈度为 8 度。

（二）BIM 技术在站房暖通设计中的具体应用

1. 应用原则

BIM 技术是站房暖通设计的关键技术，应用中需注意预设、施工、运行时 BIM 模型与信息的传递，各主体引入 BIM 模型时所需各异，模型与取得信息的困难不同，可能影响非几何信息的传递，需要提升 BIM 技术信息的传递有效性。

需规划 BIM 应用价值，细分至设计、施工、运营各阶段，明确 BIM 技术在各阶段的应用价值，在此基础上开展设计工作，彰显 BIM 技术的应用价值。

2. BIM 技术的应用实践

Revit 设计时需确定必要的输入条件，如轴网及项目坐标，建筑、结构可链接的设计文件；确定适宜的机械设备族库，确保管线和设备能够稳定连接；确定项目样板文件，将系统单独展示，直观呈现信息，为排版出图提供重要的依据。

局部管线如图 7-1 所示。局部汇总如图 7-2 所示。

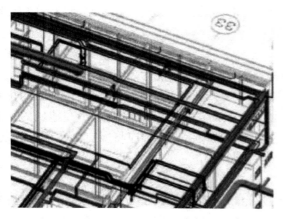

图 7-1 局部管线

图 7-2 局部汇总

（1）应用 BIM 技术的准备工作

站房暖通系统复杂、管线繁多，主要包括车站公共区通风空调系统风管、车站设备管理用房通风空调系统风管、防排烟系统风管、冷冻水管、冷凝水管、冷媒管等，管道线汇聚一处，直接导致机房、走廊和房间管道繁杂，各个线路互相交叉和重叠。使用传统 CAD 二维设计的过程中，通常只对平面中的大致排列布局和位置进行分析，可能使施工环节发生多次管道线路互相碰撞、穿梁。

对 BIM 技术的合理应用有助于对管道在各个位置的整体排列布局进行分析，考虑设备和管道的具体运行情况，满足设计的要求，节省空间，确保性能，为施工提供便利。在暖通专业 BIM 设计过程中，需要确定与建筑、结构相连接的预设内容、工程坐标等；完备的设施族库，恰当的机械设施族库有益于更好地将设施与管线开展连接；合适的项目样板文件，符合项目需求的样板文件可以提高设计效率，为后期工作夯实基础。

（2）BIM 技术应用

1）平面图绘制。对建筑区域进行合理划分，明确管线系统种类，根据管道特性完成对应类型管道的绘制工作，建立各个系统的过滤器，完成管道与空调器、风机、冷水机组、水泵等设备及阀门的连接。设备区内走道和环控机房的风管线较复杂，绘制时需要密切观察管线碰撞情况，使用 BIM 可视化技术认真观察三维视图旋转情况。根据过滤条件设置自动化检测，检测相应类型的碰撞。通风系统绘制时应注意风口、阀门、设备、弯头、三通、堵头等构件与风管的连接情况，保证系统连接完整，进行系统完整性检查，完整的系统模型可以进行水力计算，优化系统设计方案。

2）剖面图、系统图绘制。与传统 CAD 技术相比，剖面图和系统图的绘制更加简便，根据需要确定剖面位置，直接形成相应的剖面图，系统图可以根据视图设置自动生成，提高设计效率。

3）设备材料表统计。站房工程较为庞大和复杂，在实际施工作业时会获得许多相关参数信息，有效运用 BIM 技术将超越原有数据统计方式，在创建信息模块下快速生成设备参数表，自动统计使用材料、阀门数量和管道长度等。

4）布局出图。基于模型文件生成相应图纸，包括平面图、剖面图、立面图、局部放大图、详图、明细表、图纸目录等，图纸内容与模型文件相互关联，可以在 Revit 软件中直接批量导出 PDF 图纸。

（3）BIM 技术在图纸绘制中的应用

图纸绘制是预设暖通空调的必要步骤，设计师需要预设空调机组的运行工序和空调的水泵，绘制难度较高，可以引入 BIM 技术配合图纸绘制。绘制图纸时，设计师可以依据 BIM 模型的数据库数据，咨询预制暖通空调参数及相关机能的原件，有效推进图纸绘制进程。绘制时，设计师应依据预设要求采用 BIM 技术对预设模型进行调整，提高预设的精确性和恰当性。设计师可以在开展设计模型检测时，利用

BIM 技术有效检测模型的任意剖面，及时察觉设计作业中存在的问题，在探究、发现原因的基础上及时解决问题，避免施工进程中出现相似问题，推进工程开展。

（4）BIM 技术在方案辅助设计中的应用

方案辅助设计时，在预设进程中引入 BIM 技术可以提高方案实施的可能性。设计师开展设计时，应依据预设内容结合 BIM 技术架构三维立体参照模型，对各个方案开展交叉对比，确定预设方案的优点、缺点，选取可行性高且成本效益的预设方案；考虑相关预设方案时，设计师应将建筑所在地域的状态、地理环境和气象要素等考虑在内。这些要素均会影响暖通空调的预设，设计师应将所有影响要素开展综合分析，得到最优化的预设方案。

（5）BIM 技术在计算机辅助设计中的应用

BIM 技术被广泛引入暖通空调预设进程中，能够被引入冷热源预设、图纸绘制及方案辅助预设作业中，能够与计算机辅助预设相配合。设计师将 CDF 软件引入作业，对建筑布局、实地状况和空调建构等各部分开展模拟，从而推进相关预设作业进程；设计师应充分考虑暖通空调的预设要旨，引入 BIM 技术使空调预设达到更优化，保障主要性能房间，能够更好地取暖和通风，减小空调损耗，可以满足所有者对通风和取暖的预设要求。设计师引入 BIM 技术对季节变化时空调的动态负荷状况开展预测，能够在掌控空调负荷的情况下更好地开展预设，增强空调运作的有效性，降低能源消耗及浪费。

第三节　暖通设计中节能环保技术的应用

近几年，随着建筑能源消耗比例的不断上升，暖通空调系统节能技术的研究开发和运用成了建筑系统节能的最基础技术问题，这些技术为建筑节能作出了重要贡献。在暖通空调的节能设计中，采用控制中心微机上的检测，显示器上显示机组的启停时间运行时间以及冷水机组的过载报警等参数，对暖通节能的有效实施颇有益处，暖通工程空调系统将不再仅仅局限于目前这种现代建筑工程的应用，它将在设计上更新换代为未来建筑工程提供更为便捷的系统工程。

一、空调系统环保节能技术应用的注意要点

（一）规范暖通空调系统施工设计

暖通空调系统设计质量影响整个系统的节能性，要求设计单位设计出来的系统投资不要过大、能耗适中，各项指标必须符合国家的相关标准。另外，操作人员要参加各种培训，凭借先进的技术进行施工，并在施工过程中及时地处理与设计方案有关的问题，提高整个系统的运行和管理质量。

（二）空调系统设备及附属配件安装质量要有保证

针对建筑物的内部空间集中的特点，可以在人员活动高峰期进行空调系统运行，尽量消除空调系统空耗造成的能源浪费。由于采用中央空调系统输送热源动力的机构比例非常高，可以通过削减动力的办法或者设立独立温控的措施加以解决，对于暖通工程空调系统设备及附属配件的安装要通过标准的负荷计算，确保设备功率安装要合理到位，为了适应当地的具体能源分布情况，对于电力能源匮乏且其他能源相对丰富的地区，可以考虑运用供应空调系统运转的能源，既可以达到环保节能的效果，又有比较大的发展空间。

（三）暖通空调节能设计质量的提高

空调的节能与空调系统的设计有着密切的关系，在实际设计工作中，设计人员要重视对节能的考

虑，在追求经济效益的同时，不要忽略了设计的质量要求，暖通空调专业的监理必须熟练掌握暖通空调的理论知识，对施工中出现的问题及时发现和调整，不要照搬以前的空调设计经验来进行设计，同时不去追赶潮流而大量地应用新技术和新产品，却忘记了节能的目标。

（四）新型保温产品的应用

随着建筑工艺技术的发展，新型保温产品在外墙保温系统中的采用日益增多。内置式保温在内墙表面安装平薄板和钢丝网粉刷层等防护层，并从阴角由上至下开展施工，施工过程中内置式保温的保温材料需要连续布置，保温材料的衔接可以形成一层完整的保温隔热层，因此保温隔热效果好，对建筑的节能也起到不小作用。

二、暖通空调系统节能设计

（一）注重节能规划设计的合理性

暖通空调系统设计的优劣直接影响着其性能的高低，系统的设计在实际运行的过程中，能达到该标准的空调系统不仅要满足满负荷运作，而且还要适应空负荷运作的状态，使系统的能耗最小化。同时在暖通空调系统设计中要合理选配设备，如常见的中央空调配置冷热源方式具有较高的能效比，不仅能节电而且还适用于有一定余热与废热的工程项目，具有较好的环保与节能效果。在规划设计进程中，我们应通过规划布局，合理、充分考虑当地环境，因地制宜进行适应性设计；充分利用排风能量，对新风实施预热预冷处理，降低新风负荷，排风预热的装置设备可与不同系统进行有机整合，让实时压缩的制冷剂进入板式热交换器装置中，通过热交换器满足人们使用热水的需求；制冷机组冷凝器，不仅可避免冷凝热损失，还具有可以提供热水的附属设备，杜绝了燃烧环节产生的有毒气体排放。可见，在暖通空调系统节能设计中应科学遵循该设计思想、采用先进节能技术辅助提升设计水平。

（二）改善建筑维护结构保温性能

在建筑节能设计规范和标准的时候，对建筑围护结构的保温隔热性能提出了较高的要求，要增强围护结构的保温性能，避免冷热损失，减少空调系统的负荷。建筑维护结构产生的空调负荷与热损失在整体系统能耗中占据较大比例，建筑维护结构保温性能对维护结构能耗与空调负荷高低产生影响，为了有效提升建筑维护结构隔热保温性能，应依据相关规范标准，实践设计中采用舒适性评估指标，合理解决传统控制方式的不足与弊端，实现大幅节能目标。对于暖通空调的设计实践我们应推行适应性、合理性与动态性纠偏措施，基于现实状况，在实施节能设计之前科学分析建筑在中期使用中可能会产生的种种状况，有针对性地提出可行性处理方案，并预测其在未来使用环境下有可能产生的问题。

（三）暖通空调工程的优化设计

空气处理机是采用 PTD 进行控制的，选用一个较为合适的 PTD 参数，可以使室内温度较快地达到预定值，在实际工程设计中，可以根据需要，选择不同的优化控制以达到最优的效果；控制系统要根据各个场合不同的需要，选择中型或小型的 DDC 即可满足使用需要；空调系统控制网络的分支多，为了提高控制风险能力，要求尽可能使用 RS485 总线控制网络，同时在冷冻机房和锅炉房现场控制室另设一台监控分站，并由该分站负责空调的监控功能。

（四）推进新能源在暖通空调系统中的运用

随着暖通空调系统的应用越来越广泛，我国不可再生能源的消耗也将会越来越高，对生态环境的破坏会逐年增大，因此，推进低品质可再生能源在暖通空调系统中的应用势在必行。科学引入变频技术，可以降低空调的运行成本，变频技术在设备选择环节中通常会预留一定设计余量，保证子空调在运行中极少出现全负荷的工况运行现象，在空调的实际负荷处于余量、动态环境中时，能够适合于人性化设计的模式。

总之，减少暖通空调系统消耗的能量，提高其节能水平，在整个建筑的节能中，做好减排工作，不仅会产生良好的经济效益和社会效益，还有利于我国经济的可持续发展。

第四节　暖通空调控制优化的设计与应用

目前，我国城市化进程不断加快，建筑行业也在进一步发展，居民对室内环境质量也有越来越高的要求。这就使人们对暖通空调技术越来越重视。我国的暖通空调控制技术存在诸多不足，需要进一步优化控制技术。

一、暖通空调优化控制技术的现状

目前，我国城市正在不断发展，之前的暖通空调系统相关的控制设计显然难以与新时代的社会发展相适应，由于暖通空调能源消耗量也在逐渐增加，制约着我国建筑物环境质量状况的优化进程。正是因为运行环境的多变性，导致建筑物室内的温度、变风量、送风量、压力控制系统在一定程度上难以达到有效控制的目的，造成暖通控制系统能耗过大。同时，暖通空调控制系统也因为其自身的大惯性、时变性、滞后性等相关特性，导致系统参数在调整的过程中所需要的时间较长，消耗能源的量也很大。总而言之，对技术不断地更新和改造是保证控制系统能够稳定运行的主要因素之一，可促进暖通空调控制技术得以进一步改善。

二、暖通空调优化控制技术的要点探究

（一）优化暖通控制器的在线滚动

众所周知，暖通空调系统的控制器需要在一个合理的房间温度上进行设定，这样才能满足空调系统科学、有效地设定房间温度值的需要。这就需要相关的技术工作者有效构建一个节能的暖通空调模型，使外部环境对室内温度的影响降低，保证科学预测输出信息等工作能够稳定开展。在实际的暖通空调优化控制系统工作中，相关的工作者要在暖通空调控制规律的基础上，对系统的计算量进行综合考虑。此外，工作者还需要进一步优化空气调节、采暖通风相关的设计需求，在设备接口处安装检测显示器，实现对暖通空调系统的有效控制，完善空调系统的日常监测工作。与此同时，设计工作者需要关注高层建筑物热力装置的安装，尤其是暖通控制器的在线滚动问题，优化好中央空调系统安装设计过程中的审图工作。

（二）优化暖通空调广义的预测控制结构

RBF 模糊神经网络是如今我国暖通空调控制系统通常采用的空调预测控制系统之一，通过室内采暖、室内通风、室内空气调节构建成为 RBF 模糊神经网络的主要结构。只有在暖通空调对空调数据的输出信息进行科学预测，有效了解暖通空调系统的控制规律，并能及时对相关数据进行校正、反馈的基础上，再次创新暖通空调的完善途径，才能真正达到科学预测暖通空调湿度、温度、通风等数据的目的。

（三）优化暖通空调系统中的节能技术

要想达到建筑物暖通空调通风能够科学设计的目的，相关的控制技术安装工作者需要对设计制冷剂的容量进行合理控制，在建筑物通风设计以及中央空调系统采暖的安装规范的基础上，对建筑物的通风设计图进行优化，强化技术、安装工作者的专业素质技能，懂得如何使用有效的手段实现空调容量设计的计算以及通风负荷指标的估算，进一步避免建筑物暖通空调系统发生设计失误的情况。要提升空调的运行效率、制冷机装机容量的优化性，防止能源浪费。同时，在开展暖通空调制冷机容量的安装工作中，相关的设计工作者需要充分考虑具体的制冷机装机容量，帮助暖通空调系统的初始投资、预算得以降低。进一步提高太阳能资源的长期利用率，保证暖通空调系统中的温度体系、热水体系、采暖系统得以高效循环运行，从而可以自动转换燃气设备控制系统中通风、加热的功能，实现节能环保可持续发展的目标。

三、暖通空调系统控制技术的发展趋势

（一）重视能量管理功能

目前，暖通空调系统管理过度强调对基础控制单元的监控，即单纯地调度状态检测设备，信息集中处理和能量管理功能较弱。鉴于此，相关的设计工作者需要在传统的系统管理功能的前提下，进一步提高能量管理功能，满足对末端用户的能量情况的监测需要。

（二）强化网络技术的应用程度

一般情况下，暖通空调控制系统的控制协议与暖通系统的技术标准、开发环境息息相关。通常情况下，开发环境不一致，设计工作者使用的技术标准不同，致使不同控制协议的形成。在未来的发展过程中，会有越来越多的企业使用信息技术，尤其是在企业信息化程度加大的情况下，暖通空调控制系统会逐渐走向集成发展的道路，将运行的管理指标、数据全部纳入企业信息管理系统中，达到企业间数据共享的目的。

综上所述，暖通空调优化控制技术作为一门系统的科学，本节简析了暖通空调优化控制技术的发展现状和存在的问题、暖通空调优化控制技术的要点以及未来的发展趋势，目的是更好地提升暖通空调优化控制技术应用的高效性。

参考文献

[1] 李艳荣. 建筑工程项目管理组织结构的设计 [J]. 建筑技术, 2016, 47 (6): 565-567.

[2] 褚洪臣, 李兰银, 巩法慧, 等. 建设项目施工阶段的工程造价管理 [J]. 水力发电, 2012, 38 (5): 13-15.

[3] 齐先有, 崔建华, 李征, 等. 项目成本管理控制在工程中的应用 [J]. 建筑技术, 2012, 43 (11): 1035-1036.

[4] 谢文. 建筑工程设计质量的控制 [J]. 湘潭师范学院学报 (自然科学版), 2005, 27 (3): 93-95.

[5] 冯一晖, 沈杰. 招标控制价的有关问题研究 [J]. 工程管理报, 2010, 24 (4): 355-358.

[6] 韩美贵. 分析招标控制价的作用与编制原则探讨 [J]. 科技管理研究, 2010, 30 (9): 201-203.

[7] 张福玉. 建设工程招投标中常见问题及处理措施 [J]. 中国矿山工程, 2014, 33 (5): 43-45.

[8] 杨之宇. 试论建筑工程质量监督管理体系 [J]. 建材发展导向, 2013, 11 (7): 130-131.

[9] 丁平. 浅谈房屋建筑工程中常见缺陷的技术弥补措施 [J]. 山西建筑, 2011, 37 (25): 90-91.

[10] 方健燕. 简述建筑设备安装工程质量通病的防治 [J]. 广东建材, 2016, 32 (3): 26-29.

[11] 马心俐. 山东改造工程旧房质量检测 [J]. 山西建筑, 2007, 33 (22): 89-90.

[12] 魏文萍. 建筑工程管理的影响因素与对策 [J]. 财经问题研究, 2015, 37 (1): 69-72.

[13] 江伟. 建筑工程施工技术及其现场施工管理探讨 [J]. 江西建材, 2016, 36 (2): 96, 100.

[14] 李浩明. 浅析建筑工程施工质量控制措施 [J]. 科技信息, 2012, 29 (31): 397.

[15] 唐坤, 卢玲玲. 建筑工程项目风险与全面风险管理 [J]. 建筑经济, 2004, 25 (4): 51-54.

[16] 冯延业. 分析建筑工程管理现状及对策 [J]. 商品混凝土, 2013, 10 (1): 98, 101.

[17] 梁思成. 中国建筑史 [M]. 天津: 百花文艺出版社, 1999.

[18] 丁洁民, 赵晰. 职业结构工程师业务指南 [M]. 北京: 中国建筑工业出版社, 2013.

[19] 罗福午. 建筑工程质量缺陷事故分析及处理 [M]. 武汉: 武汉工业大学出版社, 1999.

[20] 王赫. 建筑工程事故处理手册 [M]. 北京: 中国建筑工业出版社, 1994.

[21] 范锡盛. 建筑工程事故分析及处理实例应用手册 [M]. 北京: 中国建筑工业出版社, 1994.

[22] 邵英秀. 建筑工程质量事故分析 [M]. 北京: 机械工业出版社, 2003.